主　编　李　岩　王振伟
副主编　司俊男　袁　悦　孙峰峰

交互设计基础

图书在版编目(CIP)数据

交互设计基础／李岩，王振伟主编．--苏州：苏州大学出版社，2024．12．-- ISBN 978-7-5672-5082-6

Ⅰ．TP311.1

中国国家版本馆 CIP 数据核字第 2024074HE5 号

书　　名：交互设计基础
JIAOHU SHEJI JICHU

主　　编：李　岩　王振伟

责任编辑：史创新

出版发行：苏州大学出版社(Soochow University Press)

地　　址：苏州市十梓街 1 号　**邮编**：215006

印　　装：江苏凤凰数码印务有限公司

网　　址：http://www.sudapress.com

邮　　箱：sdcbs@suda.edu.cn

邮购热线：0512-67480030

销售热线：0512-67481020

开　　本：787 mm×1 092 mm　1/16　**印张**：13.25　**字数**：291 千

版　　次：2024 年 12 月第 1 版

印　　次：2024 年 12 月第 1 次印刷

书　　号：ISBN 978-7-5672-5082-6

定　　价：45.00 元

前言

在数字技术深度介入人类生活图景的当代语境下，交互设计已突破专业领域边界，成为塑造人机关系的基础性学科。本教材的编写始于对我国设计教育转型期的持续观察，特别是在教育部推进“新工科”建设的背景下，如何构建符合产业需求的交互设计知识体系，成为教学改革的重要命题。

教材编写秉持“知行相济”的教育哲学，构建了独特的“三阶认知”体系：基础层夯实设计心理学与人类工效学理论根基；方法层贯通从用户研究、原型迭代到用户测试的全流程工具；实践层聚焦智能硬件、公共服务等典型场景的交互解决方案。这种架构既遵循唐纳德·诺曼提出的“设计可见性”原则，又呼应了产业界对复合型设计人才的能力需求。整本教材在有限的篇幅内，力争兼顾学理深度和应用广度。

内容架构遵循“认知—方法—创造”的递进逻辑。从理论构建到实践应用的转化过程中，诺曼的认知心理学原理与尼尔森的可用性评估框架被有机整合，形成了具有本土特色的教学范式。在方法论层面，特别注重构建完整的工具链体系，从用户画像的精准描摹到交互原型的快速迭代，每个环节都经过教学实践的反复验证。需要指出的是，在人工智能技术快速迭代的今天，教材始终强调设计伦理的核心地位，坚持“技术服务于人”的价值导向。

知识呈现采用“问题导向＋情境建构”的双轨模式，通过智能家居系统优化、跨文化界面设计等典型场景，引导学习者建立系统思维。这种将学术研究嵌入教学实践的探索，既验证了诺曼认知模型在复杂场景中的适应性，也揭示了交互设计作为交叉学科的方法论张力——当手势交互遇见物联网设备，当语音界面碰撞文化遗产数字化，每一次技术迭代都在重塑人机关系的边界。

作为产教融合的阶段性成果，本教材的完成得益于多方协作。在此感谢常熟理工学院产品设计团队的学术指导，感谢苏州工艺美术职业技术学院司俊男老师在跨学科研究中的贡献，感谢上海睿亚训团队和南京投石科技有限公司孙峰峰董事长的创新实践。

同时，特别感谢历届学生在教学实践中展现的创新思维，他们的真实反馈为教学模型的优化提供了持续动力。其中，赵伊莲、陈嘉琳、潘蕾羽、高诗琪、何东灵等同学的作品作为案例有抛砖引玉之功，虽尚有不足之处，但在师生们的共同探讨与迭代中，这些青涩的尝试逐渐显露出专业设计的雏形。他们从用户视角提出的质朴追问，促使我们重新审视设计决策的合理性。那些充满实验性的界面方案，印证了交互设计作为开放学科的包容特质，而持续改进的方案优化过程，则生动诠释了“设计即进化”的教育理念。最终，这些真实的教学相长记录，成为教材案例库中最具生命力的组成部分。

期待这本凝聚集体智慧的教材，能够助力设计教育工作者培养出既懂技术演进又具人文关怀的新时代设计师，共同构建更具包容性的数字文明。

李　岩

2024 年 9 月 29 日

目录

交互设计基础

第 1 章
交互设计概述

学习目标

- 全面理解交互设计的内涵，认识其在当代社会发展中的重要地位和价值。
- 掌握交互设计的核心原理和基本方法论，为后续学习和实践打下坚实的基础。
- 了解交互设计学科的发展历程，并洞察其未来发展趋势，为自身职业发展做好准备。
- 培养以用户为中心的设计思维，并认识到交互设计师应承担的社会责任。
- 激发对交互设计领域的浓厚兴趣，为成为优秀的交互设计师奠定基础。

交互设计作为一个跨学科领域，正迅速在全球范围内发展。它跨越了传统的学科界限，是一种专注于创造和优化产品、系统与服务的实践，以提升用户的体验。交互设计不仅是技术与艺术的结合，更是深入探讨人、产品与环境三者之间互动关系的科学。它关注的是人们如何与周围的世界进行交流和互动，以及如何通过设计提升这种交流和互动的质量。

随着科技的不断进步，我们生活中的每一个角落几乎都被各种数字产品和系统所渗透。从智能手机、智能家居到复杂的企业信息系统，交互设计在这些技术产品的设计和开发过程中扮演着核心角色。优秀的交互设计不仅能提高产品的可用性和使用效率，还能增强用户的满意度和忠诚度，甚至能够为企业创造竞争优势。以苹果公司为例，其产品设计一向注重简洁优雅的交互体验，从最初的 Macintosh 到如今的 iPhone，无一不体现了交互设计的力量。通过深入理解用户需求，苹果公司创造出了极具吸引力和易用性的产品，成为行业的标杆。又如谷歌的 Material Design（材料设计语言）通过统一的视觉元素和交互模式，为 Android 平台的应用程序注入了前所未有的一致性和可用性。

可以说，交互设计已成为推动技术创新、提升用户体验、引领行业发展的关键力量。本教材将深入探讨交互设计的内涵、原理和方法，让读者全面了解这一跨学科领域的重要性及其对社会发展的深远影响。

本章将深入介绍交互设计的基础概念，包括定义、主要原则和方法论。我们将探讨交互设计的重要性，分析它如何影响我们的生活、工作和娱乐方式。同时，我们还将讨论交互设计在现代设计领域中的地位，以及它如何与其他设计领域如工业设计、视觉传达设计、建筑设计相互影响和融合。通过对交互设计的学习，读者将获得必要的知识和工具，以理解和分析用户与产品之间的交互过程，从而设计出更符合用户需求和期望的产品。本章的目标是为读者提供一个坚实的基础，帮助他们在后续章节的学习中更深入地探索交互设计的各个方面，包括用户研究、原型制作、用户测试和设计迭代等。

随着本章内容的展开，我们希望读者能够认识到交互设计的价值，并激发他们对这一领域的好奇心和探索欲。也希望读者逐步建立起交互设计理论的框架，并为将来在这一领域的专业发展奠定坚实的基础。

1.1 交互设计的定义

交互设计（Interaction Design，简称 IxD）是一个跨学科的实践领域，它融合了工程学、心理学、美学、认知科学以及社会学等多个学科的理论与方法，致力于创造出富有价值和吸引力的用户体验。

从根本上讲，交互设计关注的是人与产品、系统或服务之间的交流和互动。它旨在通过设计，使这种交互过程更加直观、高效和令人愉悦。交互设计师需要具备多方面的专业能力，包括用户研究、创新思维、视觉设计、技术整合等，以确保最终的设计方案能真正满足用户需求，并推动产品或服务的不断升级。

在百度百科的词条资料中，交互设计是定义、设计人造系统的行为的设计领域，它定义了两个或多个互动的个体之间交流的内容和结构，使之互相配合，共同达成某种目的。交互设计努力去创造和建立的是人与产品及服务之间有意义的关系，以“在充满社会复杂性的物质世界中嵌入信息技术”为中心。众多权威学者对交互设计的定义各有侧重：

詹妮·普瑞斯（Jenny Preece）等学者将交互设计描述为“设计交互式产品以支持人们在日常工作生活中交流和交互的方式”。这强调了交互设计在促进人际沟通和活动方面的作用。

艾伦·库珀（Alan Cooper）认为交互设计原则是关于行为、形式与内容的普遍使用法则，促使产品行为支持用户目标与需求，创建积极的用户体验。他强调了关注规划和描述事物的行为方式，然后描述传达这种行为的最有效形式。

乔恩·科尔科（Jon Kolko）认为交互设计是指在人与产品、服务或系统之间创建一系列对话。其定义突出了交互设计在塑造用户体验方面的重要性。

总的来说，交互设计是一个综合性极强的领域，它要求设计师具备跨学科的知识和技能，并以用户中心的设计理念为基础，通过不断探索和创新，为人们打造更友好、更有价值的数字化体验。

1.1.1　交互设计的核心要素

交互设计作为一个跨学科的实践领域，其核心要素涵盖了用户中心性、多学科融合、反馈机制、创新技术应用、可访问性与包容性以及伦理责任等多个方面。

1. 用户中心性

用户中心性是交互设计的基石。交互设计师需要深入了解目标用户的需求、行为模式、认知特点和情感偏好，并以此为出发点进行设计。通过用户研究方法，如情境访谈、用户观察和调查问卷等，设计师可以洞察用户的真实需求，并在设计过程中不断验证和优化，确保最终产品能够真正满足用户之需。苹果公司一直秉持“设计要让用户爱不释手”的理念，正是源于其对用户需求的深入洞察。

2. 多学科融合

交互设计是一个集成了认知心理学、人机交互、视觉传达等多个学科理论与方法的综合性领域。设计师需要融会贯通这些跨学科知识，才能更好地理解用户行为、把握交互规律，并运用恰当的视觉设计元素来增强用户体验。唐纳德·诺曼的著作《设计心理学》(*The Design of Everyday Things*)系列就是将认知心理学应用于用户界面设计的典型代表。

3. 反馈机制

反馈机制是交互设计中不可或缺的核心要素，它为用户提供其操作结果的即时信息，增强用户对系统的理解和控制感。有效的反馈机制能够告知用户其行为已被系统接收、处理的状态以及可能的后续步骤。反馈可以通过多种形式呈现：视觉反馈（如颜色变化、动画效果）、听觉反馈（如提示音、语音提示）和触觉反馈（如振动）。微信的“点赞”标记就是一个简单而有效的反馈设计，它通过状态变化告知用户信息已被接收，大大减少了用户的沟通不确定性。优秀的反馈设计应当及时、明确且与用户行为成比例，既不能过于强烈以造成干扰，也不能微弱到无法察觉，这种平衡是交互设计师需要精心把握的要点。

4. 创新技术应用

随着人工智能、虚拟现实、物联网等前沿技术的不断发展，交互设计师需要保持极强的创新意识和学习能力，积极将新兴技术融入设计实践。通过创造性地应用这些技术，交互设计可以开拓出全新的交互形式和体验场景，为用户带来前所未有的交互乐趣。例如，亚马逊 Echo 系列智能音箱利用语音交互技术，为用户提供了更加自然便捷的操控方式。

5. 可访问性与包容性

交互设计必须兼顾不同背景和能力的用户群体。设计师要考虑到残障用户、老年用户等特殊群体的需求，确保产品或服务能够为所有人提供可访问和包容的体验。同时，设计还应该体现对不同文化背景的尊重和包容，以满足全球化市场的需求。微软的 Inclusive Design（包容性设计）理念就是一个很好的实践案例，它致力于创造无障碍、人人可用的数字产品。

6. 伦理责任

随着技术的日益发展，交互设计师需要时刻关注自身设计对用户隐私、数据安全以及社会公平等方面的影响。在创新的同时，设计师还应该对作品的长远影响保持谨慎和责任心，确保设计决策能够为用户和社会带来真正的价值。谷歌等科技公司近年来越来越重视 AI 伦理问题，体现了交互设计师的社会责任担当。

总的来说，优秀的交互设计需要设计师具备跨学科的专业知识、敏锐的洞察力、创新的思维以及对社会责任的高度重视。只有兼顾以上多个核心要素，设计师才能够打造出真正符合用户需求并能推动技术进步与社会发展的交互体验。

1.1.2 交互设计的过程

交互设计的过程是一个迭代和进化的过程，涉及多个阶段，每个阶段都至关重要。

1. 需求分析

需求分析是设计的起点，它要求设计师深入理解用户的需求和使用场景。这一阶段通常涉及市场调研、用户访谈、问卷调查等方法。例如，IDEO 公司在设计过程中特别强调用户研究的重要性，通过实地观察和访谈来获取用户的真实反馈。

2. 概念设计

在概念设计阶段，设计师基于需求分析的结果，创造性地提出设计概念和解决方案。这一阶段鼓励创新思维和多方案比较。如乔纳森·伊夫（Jonathan Ive）领导的苹果工业设计团队，就以极简主义的设计理念，创造出了 iMac 和 iPod 等革命性的产品。

3. 原型制作

原型制作是将设计概念具体化的关键步骤。设计师制作可交互的原型，用于测试和评估设计的有效性。原型可以是纸质的、数字的或实体模型。

4. 用户测试

用户测试是验证设计有效性的关键环节。通过实际用户测试原型，设计师可以收集反馈信息并进行迭代优化。

5. 最终设计

在经过多次迭代后，设计师将形成最终的设计解决方案。这一解决方案综合了用户反馈、技术可行性和商业需求，如苹果的 iOS 操作系统，经过多年的迭代，已成为全球十几亿用户的选择。

1.1.3　交互设计的应用领域

交互设计的应用领域极为广泛，涵盖了数字产品、物理产品和服务系统的各个方面。

1. 数字产品

在数字产品领域，交互设计广泛应用于网站、移动应用、桌面软件等。

2. 物理产品

在物理产品领域，交互设计应用于智能家居设备（图 1-1）、消费电子产品等。

图 1-1　华为灵犀指向遥控

3. 服务系统

在服务系统领域，交互设计用于优化银行服务、医疗服务、交通系统等。

通过这些应用领域，我们可以看到交互设计的实际价值和影响力。它不仅提升了产品的可用性和用户满意度，还推动了技术和设计的进步。

1.2　交互设计的重要性

在数字化时代，交互设计的重要性日益凸显。良好的交互设计不仅能提升用户的满意度和忠诚度，还能为企业带来竞争优势。我们可以从以下几个方面理解其重要性。

（1）提升用户体验。用户体验是衡量产品成功与否的关键指标之一。优秀的交互设计能够提供直观、易用和愉悦的用户体验，不仅能够吸引新用户，还能够提高现有用户的忠诚度。用户体验的提升是通过满足用户的需求和期望来实现的，这涉及理解用户的行为、动机和偏好，并将这些理解融入设计过程。

（2）增强产品竞争力。在竞争激烈的市场中，产品之间的差异往往体现在用户体验上。优秀的交互设计产品能够更好地吸引和留住用户，从而在市场上获得竞争优势。交互设计不仅关注产品的功能性，还关注用户的情感反应和整体满意度。通过不断的迭代和优化，交互设计能够确保产品始终满足用户的需求。

（3）促进创新。交互设计是一个创造性的过程，它鼓励设计师探索新的设计方法和解决方案。通过用户研究和原型测试，设计师能够发现用户的潜在需求和期望，从而创造出创新的产品和功能。交互设计的过程本身就是一个不断学习和适应的过程，它能够推动技术和设计的创新与进步。

（4）提高效率和生产力。良好的交互设计能够提高用户的效率和生产力。通过减少用户在完成任务时的认知负荷和操作步骤，交互设计能够让用户更快地达到他们的目标。这不仅能够提升用户的满意度，还能够提高工作效率，减少错误，节约时间。

（5）支持可访问性和包容性。交互设计强调为所有用户设计，包括那些有特殊需求的用户。通过考虑不同用户的能力和限制，交互设计能够创造出更加包容和可访问的产品。这不仅体现了对多样性和平等的尊重，还能够扩大产品的潜在用户群。

（6）提升品牌识别度和忠诚度。一致且吸引人的交互设计能够帮助用户识别和记住品牌。通过提供一致的视觉和交互元素，交互设计能够加强用户对品牌的认知和情感联系。这种情感联系是建立品牌忠诚度的关键，它能够促使用户成为品牌的忠实拥护者和传播者。

（7）应对技术变革。随着技术的不断进步，交互设计也在不断发展。设计师需要不断学习新的工具和方法，以适应不断变化的技术环境。交互设计的重要性在于它能够帮助设计师和企业应对技术变革，确保其产品和服务始终处于行业前沿。

（8）促进可持续发展。在设计过程中考虑环境和社会影响是现代设计实践的一个重要理念。交互设计不仅关注产品的即时效果，还关注其长期影响。通过设计可持续的产品和服务，交互设计有助于减少资源消耗和环境影响，促进可持续发展。

（9）支持全球化和本地化。在全球化背景下，交互设计需要考虑不同文化和市场的特定需求。通过本地化设计，交互设计能够适应不同地区的语言、文化和习惯，从而为全球用户提供更加个性化的体验。

交互设计的重要性远远超出了传统的设计领域。它不仅关系到产品的功能性和美观性，还关系到用户的情感、行为和社会影响。通过不断学习和适应，交互设计师能够创造出既满足用户需求又具有社会价值的产品和服务。未来，交互设计将继续在改变我们的生活和工作方式中发挥关键作用。

1.3 交互设计的历史与发展

交互设计作为一个跨学科领域，其发展历程可以追溯到20世纪初期。从最初的概念萌芽，到人机交互的兴起，再到用户体验的提出，交互设计经历了一个不断发展和演进的过程，这一过程见证了技术的进步和设计思想的变革。

（1）起源与早期探索。交互设计的概念最早源于人类对于更高效、更自然地与机器交流的渴望。20世纪初，万尼瓦尔·布什（Vannevar Bush）提出了Memex系统的概念，这是一种可以存储和检索大量信息的个人记忆扩展设备，预示了未来信息交互的可能性。在此后的几十年里，艾伦·图灵（Alan Turing）、格蕾丝·霍珀（Grace Hopper）等先驱者通过他们在计算机科学领域的开创性工作，为交互设计的发展奠定了重要基础。

（2）人机交互的兴起。20世纪50年代至70年代是交互设计领域发展的关键时期。道格拉斯·恩格尔巴特（Douglas Engelbart）提出的鼠标和超媒体等概念，为人机交互界面带来了革新。与此同时，伊万·萨瑟兰（Ivan Sutherland）的Sketchpad程序更是开创性地展示了计算机图形界面的潜力。这些创新为后来的图形用户界面的诞生奠定了基础。进入20世纪80年代，随着个人计算机的普及，苹果公司和微软公司等科技巨头开始重视用户界面设计，带动了交互设计专业的快速发展。

（3）用户体验的提出。20世纪90年代，随着互联网的兴起，用户体验（User Experience，UX）的概念开始广为人知。唐纳德·诺曼的著作《设计心理学》对此产生了深远影响。亚马逊的个性化推荐系统则是交互设计在电子商务领域的成功案例，它通过分析用户行为和偏好，为用户提供了极具个性化的购物体验。

（4）交互设计的专业认可。进入21世纪，交互设计作为一个独立的专业领域得到了广泛认可。国际交互设计协会（IxDA）等专业组织的成立，为交互设计师提供了交流合作的平台。同时，全球范围内的大学和研究机构也开始开设相关课程，为年轻一代的交互设计师提供系统的学习过程。2006年，唐纳德·诺曼当选美国国家科学院院士，标志着交互设计在学术界的地位进一步得到肯定。

（5）当代发展与趋势。随着人工智能、虚拟现实等前沿技术的快速发展，交互设计正在迎来新的机遇与挑战。设计师需要不断学习和创新，将前沿技术融入设计实践，创造出全新的交互形式。同时，交互设计也越来越关注伦理责任的问题，设计师需要权衡创新带来的社会影响，确保设计决策能够为用户和社会创造真正的价值。

总的来说，交互设计经历了一个从概念萌芽到专业认可的发展历程，见证了技术进步与设计思想的变革。未来，交互设计必将继续推动前沿技术的应用，并肩负起更多的社会责任，不断为人类生活注入创新活力。

拓展阅读

交互设计领域的标志性人物

艾伦·凯（Alan Kay）

艾伦·凯是面向对象编程（Object-Oriented Programming，OOP）的先驱之一，他的工作为现代软件开发奠定了基础。他在施乐帕洛阿尔托研究中心（Xerox PARC）的工作对图形用户界面的发展产生了深远影响。他参与开发了 Smalltalk 编程语言，这是早期图形用户界面的原型之一。艾伦·凯提出了 Dynabook 的概念，这是一种便携式、网络化的个人计算机，其设计理念影响了后来的笔记本电脑和平板电脑。

比尔·莫格里吉（Bill Moggridge）

比尔·莫格里吉设计了第一台商业化的笔记本电脑 GRiD Compass（图 1-2），这台设备在 1982 年发布，是现代笔记本电脑的先驱。它引入了便携式计算的概念，并为移动工作提供了新的可能性。他的工作不局限于硬件设计，还涉及用户体验和交互设计。他强调了设计过程中用户需求的重要性，并推动了以用户为中心的设计方法的发展。

图 1-2 GRiD Compass

唐纳德·诺曼（Donald Norman）

唐纳德·诺曼是用户体验领域的领军人物，他的著作《设计心理学》对普及用户体验概念产生了深远影响。他强调设计应关注用户的情感反应和整体体验。他将心理学原理应用于设计实践，强调用户的认知过程和行为模式在设计中的重要性。

伊万·萨瑟兰（Ivan Sutherland）

伊万·萨瑟兰被誉为计算机图形学（Computer Graphics）之父，他的工作为现代计算机视觉和虚拟现实技术的发展奠定了基础。Sketchpad 程序是他在麻省理工学院开发的，是计算机辅助设计（Computer Aided Design，CAD）的先驱，展示了计算机在图形设计中的应用潜力。

蒂姆·伯纳斯-李（Tim Berners-Lee）

蒂姆·伯纳斯-李发明了万维网（World Wide Web，WWW），这是现代互联网的基础。他的工作使得信息的全球共享和交流成为可能，极大地推动了互联网的普及。他倡导开放标准和去中心化的网络架构，为后来网络应用和网络服务的发展提供了基础。

这些标志性人物的工作不仅推动了交互设计领域的发展，也影响了科技和整个社会的进步。他们的创新精神和以用户为中心的设计理念，至今仍是交互设计实践的核心。通过学习他们的贡献和理念，我们可以更好地理解交互设计的过去、现在和未来。

1.4　成为一名出色的交互设计师

交互设计师在当下的数字化时代扮演着至关重要的角色。随着科技的快速发展，我们的生活中充斥着各种数字产品和系统，良好的交互设计不仅能提升用户体验，还能为企业和品牌带来巨大的竞争优势。

1.4.1　交互设计师的作用

一名出色的交互设计师能够为各类项目创造价值，其作用主要体现在以下几个方面。

（1）提升用户体验。交互设计师通过深入理解用户需求，采用合适的设计方法，打造出直观、高效且富有情感魅力的产品或服务体验。这不仅能吸引新用户，还能增加现有用户的黏性，提升用户的忠诚度。

（2）推动技术创新。交互设计师善于利用前沿技术，如人工智能、虚拟现实等，创造出全新的交互形式和应用场景。他们的创新思维和设计实践，能够为技术发展注入新的动力。

（3）优化业务流程。良好的交互设计能够简化用户操作，提高用户的工作效率。在企业信息系统、服务平台等项目中，交互设计师的参与可以大幅提高系统的可用性和生产力。

（4）提升品牌形象。一致且富有吸引力的交互体验，有助于增强用户对品牌的认知和情感联系。这不仅能提升品牌价值，还能成为企业的核心竞争力之一。

（5）体现社会责任。交互设计师需要考虑设计决策对用户隐私、数据安全以及社会公平等方面的影响。他们在创新的同时，也肩负着维护伦理底线的重要责任。

可以说，无论是在消费类产品领域、企业系统还是在公共服务领域，优秀的交互设计师都可以发挥重要作用，为用户和社会创造巨大价值。随着数字化浪潮的不断推进，交互设计师必将成为推动技术进步和提升人类生活品质的关键力量。

作为一个跨学科的实践领域，交互设计要求设计师具备多方面的能力和素质，如扎实的专业知识、丰富的实践经验，以及不断学习和创新的意识。

1.4.2 交互设计师的能力和素质要求

（1）理论基础。交互设计涉及工程学、心理学、美学、认知科学等多个学科，设计师需要掌握这些领域的基础理论知识。了解人机交互、视觉传达、用户研究等相关理论，有助于设计师从科学的角度分析问题，并运用系统化的方法进行设计实践。同时，设计原理、色彩理论、构图等基础知识，也是交互设计师必备的。

（2）技术技能。交互设计的实践离不开专业设计工具的运用。设计师需要熟练掌握 Sketch、Adobe XD、Figma 等交互设计软件，以及 HTML、CSS、JavaScript 等前端开发技能。这不仅有助于提高设计效率，还能够更好地与开发团队进行沟通协作。此外，了解基本的编程逻辑和交互原型制作技能，也是交互设计师的重要能力。

（3）实践积累。仅有理论基础是远远不够的，交互设计师还需要通过大量的实践项目来锻炼和提升自身的设计能力。可以从学校的设计项目、社会实践活动等多个渠道获得实践机会。

（4）持续学习。交互设计是一个高度动态的领域，设计师需要时刻关注行业动态，关注前沿技术趋势，并主动学习吸收。设计师需要通过参加行业会议、网络课程、读书等方式，持续拓展知识面，以保持对新事物的好奇心和接受能力。只有不断学习和创新，交互设计师才能在瞬息万变的数字时代保持竞争力。

（5）软实力培养。除了专业技能，交互设计师还需要具备良好的沟通表达能力、团队合作精神以及批判性思维。交互设计师需要与利益相关方进行有效沟通，以确保设计方案能够真正满足用户需求。同时，跨学科团队中的协作也是交互设计师不可或缺的能力。此外，批判性思维有助于设计师审慎评估设计决策对用户和社会的影响。

（6）职业发展路径。交互设计师的职业发展可以从初级岗位做起，如交互设计师助理、用户研究员等，通过持续学习和实践积累，逐步成长为高级交互设计师、设计主管甚至创新总监。同时，设计师也可以结合自身特长，向产品经理、前端开发等相关领域发展。无论选择哪条发展路径，交互设计师都应该牢记肩负的社会责任，在创新中兼顾用户需求和伦理价值观。

总的来说，成为一名出色的交互设计师需要全方位的知识积累和能力培养。通过理论学习、技术训练、实践锻炼，结合持续的学习意识和社会责任感，设计师才能够在瞬息万变的数字时代为用户和社会创造出更加卓越的交互体验。

本章小结

交互设计作为一个跨学科的实践领域，其发展历程见证了技术进步和设计思想的不断革新。从最初的概念萌芽，到人机交互的兴起，再到用户体验的提出，交互设计经历了波澜壮阔的发展过程。

交互设计师需要具备扎实的理论基础、熟练的技术技能、丰富的实践经验，以及持续学习和创新的意识。同时，良好的沟通能力、团队合作精神和社会责任感，也是交互设计师不可或缺的素质。

交互设计师在当下的数字化时代扮演着至关重要的角色，他们通过提升用户体验、推动技术创新、优化业务流程等方式，为用户和企业创造巨大价值，为社会发展做出积极贡献。随着技术的不断进步，交互设计师必将成为推动人类社会进步的关键力量之一。

思考与应用

1. 结合你所了解的公司或产品，分析其交互设计的优缺点，并提出改进建议。

2. 选择一项自己感兴趣的前沿技术，思考如何通过创新的交互设计赋予其新的应用场景和用户价值。

3. 根据自身特点和兴趣爱好，制定成为一名出色的交互设计师的职业发展规划。

第 2 章

理解用户

学习目标

- 掌握用户研究方法，包括定性研究与定量研究。
- 学习创建用户画像，将用户数据转化为设计指导。
- 理解用户需求分析的重要性，并学会如何做好需求文档化和迭代。

在数字产品和解决方案日益丰富的今天，深入理解用户已成为设计创新和提升产品质量的关键。本章着重探讨了用户研究的重要性，以及如何通过科学的方法揭示用户的真实需求和行为模式。我们从认知心理学的基础入手，深入分析了用户的行为和心理过程，进而通过一系列用户研究方法，如访谈、观察、问卷调查等，来构建用户画像和分析用户需求。这些方法不仅帮助我们理解用户的表面需求，还可以挖掘用户的深层动机和潜在问题。通过本章的学习，读者将获得必要的知识和工具，以及以用户为中心的设计理念，创造出真正满足用户需求的产品或服务。

2.1 认知心理学与行为

在深入探讨交互设计之前，我们需要理解人类的认知过程和行为模式。认知心理学为我们提供了理解用户如何感知、处理和响应信息的理论基础，这对于创造直观、高效的交互界面至关重要。

2.1.1 认知过程与认知模型

认知过程是人类获取、处理、存储和使用信息的心理活动过程。在人机交互中，理解这些过程可以帮助设计师创造出更符合用户心理模型的界面。

1. 认知过程概述

认知过程包括但不限于以下几个关键方面：

注意，用户如何集中和分配注意力。

感知，用户如何解释视觉、听觉等感官输入。

记忆，用户如何存储和检索信息。

学习，用户如何获取新知识和技能。

思考，用户如何推理、问题解决和决策。

语言，用户如何理解和产生语言。

这些过程相互关联，共同构成了人类认知的基础。在人机交互中，我们需要考虑这些过程如何影响用户与界面的交互。例如：使用视觉层次和对比来引导用户注意；利用格式塔原理组织信息，便于用户感知；减少认知负荷，避免信息超载；利用用户已有的心智模型，降低学习成本；提供清晰的反馈和提示，辅助用户解决问题。

以移动应用的导航设计为例，我们可以看到认知过程的应用：使用醒目的颜色或图标突出重要功能（注意）；将相关功能分组（感知）；保持导航结构的一致性（记忆）；提供教程或引导（学习）；在复杂操作中提供步骤指引（思考）。

2. 认知负荷理论

认知负荷理论（Cognitive Load Theory）是理解人机交互中认知过程的重要框架。该理论提出，人类的工作记忆容量有限，因此在设计界面时应当注意减少不必要的认知负荷。

认知负荷可分为以下三类：

（1）内在负荷，与任务本身的复杂性相关。

（2）外在负荷，由信息呈现方式引起。

（3）相关负荷，与信息处理和理解相关。

3. 认知模型

认知模型是用户理解产品和任务的内在心理表示。关键的认知模型是设计思维和用户理解的基石。这些模型帮助我们构建和优化用户与产品之间的互动过程，确保设计能够满足用户的需求和期望。它们是设计过程中不可或缺的工具，帮助设计师和用户建立共同的理解基础。在设计中，我们需要考虑三种主要的认知模型：概念模型、心智模型和表现模型。

概念模型（Conceptual Model）是设计师对产品功能和操作方式的理论性理解。它作为现实世界到机器世界的一个中间层次，帮助用户预测系统的行为。概念模型是数据库设计人员的有力工具，同时也是设计人员和用户交流的语言。

心智模型（Mental Model）是用户基于个人经验和知识形成的对产品如何工作的内在认知。这种模型帮助用户处理接收到的信息，并指导他们的思考和行为。心智模型的形成主要来自教育学习、类比推理和日常观察。

表现模型（Manifest Model）是产品通过视觉和交互设计向用户展示的实际工作方式。它应当表达清晰，使用户能够直观地理解如何与产品交互。表现模型的目的是使用户认为产品是怎样工作的，而不一定需要反映技术实现的复杂性。

概念模型指导设计过程和决策，心智模型反映了用户的内心世界，而表现模型则是这两者之间的桥梁。设计师的目标之一就是使表现模型尽可能地接近用户的心智模型，以减少用户的学习成本并提升用户体验。这要求设计师深入了解用户的需求和期望，并在设计中予以体现。

2.1.2 感知与注意

感知是人类通过感官系统接收和解释环境信息的过程。在交互设计中，我们主要关注视觉和听觉感知，因为这两种感知方式在用户与界面交互时发挥着核心作用。

认知过程首先始于感知，用户如何感知界面元素直接影响了后续的信息处理和决策行为。视觉感知通过格式塔原理帮助用户将相关元素组织成有意义的整体，图形-背景分离使用户能够辨别重要内容。而听觉感知则通过声音提供额外的反馈渠道，增强用户体验的完整性。

注意是选择性地将心理资源集中在特定信息上的过程。在信息丰富的数字环境中，用户的注意资源是有限的，这就要求设计师理解并运用注意机制的特点。交互设计时，设计师需要考虑：如何引导用户的选择性注意，突出关键信息；如何在多任务环境中合理分配用户的注意资源；如何在长时间任务中维持用户的持续注意。

感知和注意是用户认知的基础环节，视觉和听觉感知在交互设计中的应用见表 2-1。理解这些基本机制有助于设计师创造出更符合用户心理特性的产品。关于感知与注意的理论将在后续章节中详细探讨。

表 2-1　视觉和听觉感知在交互设计中的应用

感知类型	感知要素	设计应用
视觉感知	格式塔原理	将相关元素进行视觉分组；创建一致的界面模式
	图形-背景分离	设计清晰的视觉层次；确保重要元素从背景中突出
	颜色理论	用于品牌识别、引导注意力、传达状态信息
	对比与和谐	创建具有足够对比度的可访问界面；平衡视觉元素
	视觉层次	通过强调主要操作和弱化次要操作引导用户
听觉感知	音调和音量	为不同类型的通知设计独特的声音；通过音量表示紧急程度
	节奏和模式	创建品牌识别声音；设计一致的音频反馈模式
	空间音频	虚拟环境中的 3D 音效；游戏或导航应用中的方向性音频提示
	音色	通过不同音质区分系统不同状态和功能
	听觉分组	将相关声音元素组织成有意义的整体

以智能手机的通知系统为例，我们可以看到感知和注意原理的应用：使用不同的图标和颜色区分各类通知（视觉感知）；为不同类型的通知设置独特的声音（听觉感知）；允许用户自定义通知的重要性，以管理注意力分配；使用简洁的预览信息，避免信息过载；在锁屏界面上突出显示重要通知，吸引用户的即时注意。

2.1.3 记忆与学习

记忆与学习的过程直接影响用户如何接受、存储和应用信息，从而决定了用户与产品交互的效率和体验。

1. 记忆的类型与特征

人类的记忆系统可以分为三种主要类型：感觉记忆、短期记忆（工作记忆）和长期记忆。

感觉记忆是对感官刺激的瞬时记录，持续时间极短，通常不超过1秒。尽管存在时间很短，但感觉记忆对于我们理解环境至关重要。

短期记忆是我们暂时保持和处理信息的系统。它的容量有限，通常只能同时处理5—9个信息单元，持续时间约为20—30秒。短期记忆的特点是较低的容量和易失性。乔治·米勒（George Miller）的经典研究指出，工作记忆能够同时记住互不相关事物的数量大约为7个，但后续研究认为这个数字可能更接近4个。

长期记忆是我们存储和检索持久信息的系统。它的容量几乎是无限的，但检索效率可能会随时间推移而降低。

2. 学习理论与交互设计

学习是获取新知识或技能的过程。理解学习理论可以帮助设计师创造更易于上手和使用的交互界面。不同的学习理论为交互设计提供了多种视角和应用方向：

认知负荷理论不仅关注工作记忆的限制，在交互设计中还指导了界面简化原则。通过减少不必要的视觉元素、分解复杂任务和提供适当的引导，设计师可以减轻用户的认知负担。移动应用中广泛采用的“渐进式披露”设计模式就是认知负荷理论的应用，它通过仅在需要时才显示更多选项来减轻用户的认知压力。

情境学习理论强调学习发生在特定环境和社会背景中。交互设计师可以通过创建真实的使用场景和社交互动机会来支持情境学习。现代协作软件平台通常融入了情境学习理论，通过模拟真实工作场景和提供社交互动功能来加速用户学习过程。

建构主义学习理论认为学习者通过主动实践来构建知识。在交互设计中，这一理论支持探索式设计和用户驱动的学习方式。许多创意软件采用建构主义理论，通过鼓励用户尝试不同功能和提供即时反馈来促进学习。例如，3D建模软件中的实时预览功能让用户能够立即看到操作结果，从而促进用户对软件运作的理解。

这些学习理论为设计师提供了科学依据，帮助他们打造既易于学习又能满足不同用户需求的交互界面。通过深入理解用户如何学习和获取知识，设计师可以创造更直观、更有效的用户体验。

2.1.4 决策与问题解决

1. 决策过程

决策是用户与产品交互时不断进行的过程。一个完整的决策过程通常包括以下几个阶段：

（1）问题识别，用户意识到需要做出选择或解决一个问题。

（2）信息搜索，用户寻找相关信息以帮助自己做出决策。

（3）方案评估，用户评估不同选项的利弊。

（4）选择，基于评估，用户做出最终选择。

（5）结果反馈，用户根据选择的结果进行反思，这可能影响未来的决策。

2. 影响决策的因素

用户决策不仅受用户个人因素的影响，还受到设计师和环境的显著影响。认知负荷、情境因素、时间压力和情绪状态都是影响用户决策的关键因素。设计师需要考虑这些因素，以确保用户在面对决策时能够做出最佳选择。

3. 问题解决策略

问题解决是用户面对挑战时寻找解决方案的过程。有效的问题解决策略包括以下几种：

（1）算法策略，逐步尝试所有可能的解决方案。

（2）启发式策略，使用经验法则快速做出决策。

（3）创造性思维，运用新颖的方法来解决问题。

2.1.5 情感与动机

情感与动机是用户行为的两个核心驱动力，它们在交互设计中起着至关重要的作用。

1. 情感在交互设计中的作用

情感是用户与产品互动时的内在体验。它可以是积极的，如喜悦、满足感，也可以是消极的，如挫败感、愤怒。情感体验对用户的满意度、忠诚度和产品的使用频率都有显著影响。

积极的情感体验可以增加用户对产品的好感，促使他们更频繁地使用产品；相反，消极的情感体验可能导致用户流失。

设计师需要考虑如何通过设计元素，如色彩、图像、语言和交互方式，来激发用户的积极情感。

2. **动机的类型与作用**

动机是推动用户采取行动的内在或外在因素。它可以是内在的，如好奇心、成就感，也可以是外在的，如奖励、社会认可。

3. **动机与用户行为的关系**

动机水平影响用户的行为模式和持久性。高动机水平通常与更积极、更持久的用户行为相关。

设计师可以通过提供有意义的任务、自主选择的机会和成就感来激发用户的内在动机，也可以利用奖励系统、社会比较和反馈机制等外在动机来推动用户行为。

4. **情感与动机的交互作用**

情感与动机之间存在交互作用。积极的情感体验可以增强用户的动机，而高动机水平又可以提升用户的情感体验。

设计师可以创建一个正向的情感反馈循环，利用用户的积极情感体验增强他们的动机，进而带来更多的使用和更深层次的参与。

5. **设计策略**

为了在交互设计中有效地利用情感与动机，设计师可以采取以下策略：

（1）用户中心设计，始终将用户的需求和体验放在首位。

（2）情境设计，考虑用户使用产品的具体情境，以激发适当的情感与动机。

（3）个性化，提供定制化的体验，以满足不同用户的个性化需求。

（4）故事讲述，通过故事讲述来增强用户的情感投入与动机。

2.1.6　交互行为

1. **交互行为的定义**

交互行为是用户在使用产品过程中所表现出来的各种动作和反应。它不仅包括用户对界面控件的操作，如点击、滑动、输入等，还包括用户对系统反馈的响应和整体的互动模式。理解交互行为对于实现直观、高效和用户友好的产品设计至关重要。

2. **交互行为的组成要素**

（1）目标性，用户的交互行为通常是为了达成某个目的。

（2）情境性，用户的交互行为受到使用环境和情境的影响。

（3）反馈性，用户的交互行为需要系统提供及时和适当的反馈。

（4）适应性，用户的交互行为可能会根据经验而适应或改变。

3. **影响交互行为的关键因素**

（1）用户意图，用户进行交互的目标和动机。

（2）技术特性，产品的功能、性能和用户界面设计如何影响用户的交互行为。

（3）文化差异，不同文化背景的用户可能有不同的预期和交互行为。

（4）用户习惯，用户以往的经验和习惯会影响其交互行为。

4. 交互行为的分类

（1）显性行为，用户可以直观感知的行为，如点击按钮、滚动页面。

（2）隐性行为，用户思考和感知的过程，虽不可见但对交互有重要影响。

2.2 用户研究方法

2.2.1 用户研究的目的和重要性

用户研究是交互设计过程中不可或缺的一环，它的核心目的在于深入理解用户的需求、行为、偏好和体验。这种方法论的实施，使得设计师能够从用户的角度出发，洞察他们与产品或服务交互的每一个细节。用户研究的重要性不仅体现在它能够帮助设计师避免基于个人假设的设计决策，还体现在它能够揭示那些用户自己可能都未曾意识到的需求和问题。

在《交互设计：超越人机交互》一书中，海伦·夏普（Helen Sharp）等指出，用户研究能够为设计师提供一种实证基础，使得设计方案更加贴近用户的实际使用情境。通过用户研究，设计师能够识别和解决用户在使用产品过程中可能遇到的障碍，从而提升产品的可用性和用户体验。

雅各布·尼尔森（Jakob Nielsen）在其著作中强调了用户研究在设计过程中的重要性，认为用户研究是设计过程中的指南针，它帮助设计师在复杂多变的设计空间中找到正确的方向。尼尔森的研究强调了用户研究在形成设计假设和验证设计解决方案中的应用。

用户研究的重要性还体现为它能够帮助设计师预见和引导用户的未来需求。在快速变化的技术环境中，用户的需求也在不断演变。通过持续的用户研究，设计师能够捕捉到用户需求的变化，并在设计中加以体现，从而创造出能够引领市场趋势的产品。

此外，用户研究还有助于提升设计的包容性和多样性。通过研究不同背景和能力的用户，设计师能够确保自己的设计能够满足更广泛用户群体的需求，从而促进社会的平等和多元。

用户研究是交互设计中的一种关键工具，它不仅能够提升产品的实用性和吸引力，还能够帮助设计师在不断变化的市场中保持竞争力。通过深入了解用户，设计师能够创造出真正以用户为中心的解决方案。

用户研究不仅有助于改进现有产品，还能推动产品创新。通过深入了解用户的潜在需求和行为模式，设计师可以发现新的市场机会和产品创意。例如，苹果公司通过对用户听音乐习惯的研究，发现了便携式音乐播放器的市场需求，从而开发出了革命性的iPod产品。爱彼迎（Airbnb）的创立就源于创始人对旅行者住宿需求的深入研究，发现了传统酒店无法满足的个性化、本地化住宿体验需求。

2.2.2　定性研究与定量研究

用户研究方法主要分为定性研究（Qualitative Research）与定量研究（Quantitative Research），这两种方法在交互设计中都有至关重要的作用。它们为设计师提供了不同的视角和工具，以深入理解用户的行为、需求和体验。

定性研究是一种探索性的、非数值化的研究方法。它侧重于理解用户行为背后的动机、态度和情感。通过深入访谈、观察和焦点小组等方法，设计师能够收集丰富的描述性数据，揭示用户的真实体验和深层次需求。定性研究的结果通常以文字描述、图片和视频等形式呈现，为设计师提供了丰富的背景信息和深度洞察。

例如，如果你要设计一款新的移动应用程序，应该如何提高其工作效率？设计师通过观察用户在自然情境下使用类似应用的行为，发现用户在进行多任务处理时常常感到困惑。这一发现促使设计师在新应用中引入了更直观的任务管理功能，以提高用户的工作效率。

定量研究则侧重于通过数值化的数据来衡量用户的行为和偏好。它通常涉及大规模的问卷调查、在线测试和数据分析。定量研究的结果以统计数据和图表的形式呈现，为设计决策提供可量化的依据。定量研究有助于发现用户群体中的普遍趋势和模式，为设计师提供广泛的视角。

例如，如果你要设计一款面向广泛用户群体的在线教育平台，应该如何收集定量数据？设计师通过问卷调查收集了数千名用户的学习习惯和偏好。数据分析结果显示，大多数用户偏好在晚上进行在线学习。这一发现促使设计师优化了平台的夜间使用体验，如优化屏幕的夜间模式和提供更多的夜间课程选项。

总的来看，定性研究与定量研究的比较如表2-2所示。

表2-2　定性研究与定量研究比较

特　征	定性研究	定量研究
数据类型	文字、图像、音频等非数值化数据	可量化的数值数据
样本量	小样本（通常<30）	大样本（通常>100）
研究目的	探索性，理解行为动机	验证性，测量行为频率

续表

特征	定性研究	定量研究
数据收集方法	访谈、观察、焦点小组等	问卷调查、实验、数据挖掘等
分析方法	主题分析、内容分析等	统计分析、数据建模等
优点	深入了解用户，发现新洞察	结果可量化，易于比较
缺点	结果难以推广	缺乏对行为动机的深入理解
适用场景	新产品概念探索，用户体验研究	市场细分，用户满意度调查

在实际项目中，往往需要结合使用定性和定量研究方法，以获得全面的用户洞察。

2.2.3 常用的用户研究方法

用户研究是揭示用户需求和体验的关键步骤。它涉及多种方法和技术，每种方法都有其独特的优势和应用场景。以下是几种常用的用户研究方法，每种方法都通过案例分析来进一步阐释其应用和效果。

1. **访谈**（Interview）

访谈法是一种通过对话形式收集用户信息的方法。它是一种深入的定性研究方法，允许设计师与用户进行一对一的交流。通过开放式问题，设计师可以探索用户的深层需求、期望、态度和行为。访谈可以是非结构化的，鼓励自由表达，也可以是半结构化的，包含一些标准问题以确保信息的一致性。访谈的关键在于建立信任，让用户感到舒适，从而分享真实的想法和感受。

（1）结构化访谈。这种访谈形式有固定的访谈大纲，每个问题都预先设计好，以确保所有参与者都能回答相同的问题。这种方法有助于比较不同参与者的回答，但可能会限制对话的自然流动，减少发现意外见解的机会。结构化访谈通常用于收集可比较的数据，因此适合在需要对不同用户的回答进行比较时使用。访谈的人数通常为6—12人，这样既可以收集足够的数据，又能进行有效的分析。访谈时间一般控制为30—60分钟，以确保参与者能够集中注意力并提供高质量的反馈。

（2）非结构化访谈。与结构化访谈不同，非结构化访谈没有固定的访谈大纲，问题更开放，允许对话自然发展。这种方法有助于深入探索用户的想法和感受，但分析时可能更复杂。

当研究目标是探索性而非验证性时，非结构化访谈可以提供更丰富的见解。当用户群体较小，需要深入了解每个个体时，非结构化访谈是理想的选择。另外，当研究涉及复杂或抽象的概念，需要用户自由表达时，非结构化访谈能够获得用户对问题更深入的理解。

非结构化访谈更灵活，适合在研究初期或需要深入了解用户动机和行为时使用。访谈的人数较少，通常为3—5人，这样可以确保深入的讨论和获得更个性化的见解。访谈时间可能更长，通常为60—90分钟，以允许更深入的对话和探索。

以下是一个结构化访谈的大纲示例，用于探索用户对智能家居系统的看法。

访谈大纲示例

引言：

介绍访谈目的和流程。

确保参与者了解访谈是保密的，他们的回答将被用于改进产品设计。

背景信息：

询问参与者的家庭和居住环境。

了解他们对智能家居技术的熟悉程度。

使用习惯：

询问他们目前如何管理家中的设备（如照明、温度控制等）。

探索他们对智能家居系统的期望和需求。

体验和感受：

让参与者描述他们对现有智能家居产品或服务的使用体验。

询问他们在使用这些产品时遇到的问题和挑战。

需求和期望：

探索他们对智能家居系统的期望功能和特性。

了解他们对隐私和安全性的看法。

解决方案和建议：

询问他们对改进智能家居系统的建议。

了解他们对未来智能家居技术的看法。

结束语：

感谢参与者的时间和贡献。

提供联系方式，以便后续跟进。

（3）混合访谈。当需要在初期探索用户需求（非结构化访谈）和后期验证假设（结构化访谈）时，可以混合使用这两种方法。比如，在进行大规模用户研究时，可以先通过非结构化访谈收集初步见解，然后通过结构化访谈在更大样本中验证这些见解。

案例分析

智能手表设计

在设计一款新的智能手表时，设计团队通过半结构化访谈了解了20位潜在用户的使用需求。访谈发现，大多数用户希望智能手表能够准确监测睡眠质量，并提供改善建议。这一发现促使团队将睡眠监测作为产品的核心功能之一。

教育APP改版

一家教育科技公司在对其语言学习APP进行改版时，通过深度访谈了解了12位活跃用户的学习习惯和痛点。访谈结果显示用户希望有更多真实场景的对话练习。基于这一洞察，公司在新版APP中增加了基于AI的虚拟对话伙伴功能。

2．观察（Observation）

（1）观察法的应用场景。观察法是一种通过直接观察用户在自然环境中的行为来收集数据的方法。观察法的应用场景可以概括为三种类型：当研究目标是理解用户在自然环境中的行为和互动时，观察法是理想的选择；当需要收集关于用户行为的详细和具体信息时，观察法可以提供丰富的数据；当其他研究方法（如访谈法）无法提供足够的行为细节时，观察法可以作为补充。

（2）观察的要点。观察的要点主要包括观察人数、观察时长、数据记录三个方面。

① 观察人数。观察的人数取决于研究目的和资源。一般来说，观察3—5名用户可以提供足够的数据，同时保持分析的可行性。

② 观察时长。观察的时长应足以捕捉到用户行为的典型模式。通常，观察时长可以从几小时到几天不等，具体取决于研究目标和用户活动的性质。

③ 数据记录。观察过程中应详细记录用户的行为、互动和环境因素。可以使用视频、笔记或音频来记录这些信息。

（3）观察法的类型。观察法可以是非参与式的，也可以是参与式的，具体取决于研究目的和所需的信息深度。

① 非参与式观察。这种方法中，研究人员作为旁观者，记录用户的行为和互动，而不干预或影响他们的自然行为。这种方法有助于揭示用户在没有外界影响时的真实行为模式。非参与式观察适用于需要在不干扰用户的情况下捕捉用户自然行为的情况。例如，在公共图书馆或咖啡馆观察用户如何与数字设备互动，以了解他们在自然环境中的真实使用习惯。非参与式观察需要研究人员保持隐蔽，避免引起用户注意，以免影响其自然行为。同时，需要详细记录用户的行为、互动和环境因素，以便进行深入分析。

② 参与式观察。与非参与式观察不同，参与式观察中，研究人员参与到用户活动

中，与他们互动并观察他们的行为。这种方法有助于双方建立信任关系，便于研究人员获取更深入的见解。参与式观察适用于需要深入了解用户行为背后动机和情感的情况。例如，在设计一款新的社交应用时，设计师通过参与用户的日常社交活动，观察他们如何与朋友互动，以了解他们的社交需求和偏好。参与式观察需要研究人员与用户建立良好的沟通和信任关系，以便更自然地融入用户活动。同时，研究人员需要在观察过程中保持敏感和尊重，避免对用户产生负面影响。

案例分析

阿里巴巴的用户观察研究

阿里巴巴在开发淘宝农村版 APP 时，采用了实地观察的方法。研究团队前往中国多个农村地区，观察农民使用手机的行为。他们发现许多农民使用的是低端智能手机，屏幕较小，且常在户外强光下使用。基于这些观察，设计团队优化了 APP 的界面，使用了更大的按钮和更高对比度的配色，以适应农村用户的使用环境。这个案例展示了实地观察如何直接影响产品的设计决策。

设计一款新的智能家居系统

设计师通过观察法深入了解用户在家中的日常活动。通过非参与式观察，设计师发现用户在晚上更倾向于使用柔和的灯光，而在白天则更喜欢使用自然光。通过参与式观察，设计师与用户一起讨论他们对照明系统的期望和需求，从而发现了用户对节能和自动化的偏好。

知识链接

以下是参与式观察大纲的示例，用于探索用户对智能家居系统的看法。

参与式观察大纲示例

引言：

介绍观察目的和流程。

确保参与者了解观察是保密的，他们的行为将被用于改进产品设计。

背景信息：

记录用户的居住环境和家庭结构。

了解用户对智能家居技术的熟悉程度。

日常活动观察：
观察用户在家中的日常活动，如照明控制、温度调节等。
记录用户在不同时间段的行为模式。
任务完成观察：
观察用户如何完成特定的家庭任务，如烹饪、清洁等。
记录用户在完成任务时遇到的困难和挑战。
互动和沟通观察：
观察用户与家庭成员或访客的互动。
记录用户在沟通和协作时的行为和语言。
结束语：
感谢参与者的参与和贡献。
提供联系方式，以便后续跟进。

3. **问卷调查**（Survey）

问卷调查是一种系统的数据收集方法，通过设计问卷来收集目标群体的意见、感受、行为模式等信息。问卷可以是纸质的，也可以是在线的，通常包括选择题、评分题和开放式问题。问卷调查的结果可以用于统计分析，以发现用户行为的普遍趋势。

（1）常见的问卷问题。常见的问卷问题包括开放式问题（Open-Ended Questions）、封闭式问题（Closed-Ended Questions）或半开放式问题（Semi-Open-Ended Questions）。

① 开放式问题。开放式问题允许受访者以自己的话回答，而不是从预设的选项中选择。这种问题鼓励受访者提供详细的反馈和深入的见解。

开放式问题的优点：能够获得更丰富、更具体的信息；受访者可以自由表达自己的观点和感受。

开放式问题的缺点：分析和编码数据可能更耗时；可能存在主观性，需要研究人员进行解释。

开放式问题的应用场景：当需要深入了解受访者的观点、动机或行为时；当问题的答案范围很广，无法通过预设选项全面覆盖时。

开放式问题示例："您对图书馆的新服务有何看法?"

② 封闭式问题。封闭式问题要求受访者从预设的选项中选择答案。这种问题有助于标准化数据收集，使得数据易于量化和分析。

封闭式问题的优点：易于量化和进行统计分析；受访者回答速度快，有助于提高问卷的整体回应率。

封闭式问题的缺点：可能限制受访者表达自己的观点；预设选项可能无法涵盖所有可能的答案。

封闭式问题的应用场景：当需要快速、标准化的数据收集时；当研究目的是评估受访者对特定选项的偏好或选择时。

封闭式问题示例：

“您每周大约访问图书馆多少次？”

A. 1—2 次　　　　B. 3—4 次　　　　C. 5 次以上

③ 半开放式问题。半开放式问题结合了开放式问题和封闭式问题的特点。通常提供一个或多个预设选项，并允许受访者提供额外的、未列出的选项。

半开放式问题的优点：结合了开放式问题的深度和封闭式问题的标准化；允许受访者在一定范围内自由表达。

半开放式问题的缺点：分析可能比封闭式问题更复杂；需要设计合适的预设选项，以覆盖大多数可能的答案。

半开放式问题的应用场景：当需要获得标准化数据，同时又不想完全限制受访者表达时；当预设选项可能无法完全涵盖所有答案，但可以提供一些常见选项供选择时。

半开放式问题示例：

“您通常使用图书馆的哪些服务？（可多选）”

A. 借阅图书　　　B. 电子资源访问　　　C. 学习空间　　　D. 参加讲座

E. 其他，请说明：____________

（2）常见的量表。问卷中常用到量表这一形式。常见的量表包括李克特量表（Likert Scale）、语义差分量表（Semantic Differential Scale，SDS）等。

① 李克特量表。李克特量表是一种常用的量表，由心理学家伦西斯·利克特（Rensis Likert）在 1932 年提出。它要求受访者在预先定义的响应中选择，通常是在“非常同意”到“非常不同意”的范围内。李克特量表的设计应确保语句清晰、简洁，避免双重否定或模糊不清的表述。量表的点数可以根据研究目的选择，5 点量表常用于区分细微的态度差异，而 7 点量表可以提供更细致的评估。量表可以是平衡的，即正向和负向陈述数量相等，以减少回答偏差。

李克特量表的结构：通常包含 5 个或 7 个点，有时更多，每个点代表不同程度的同意或不同意。

李克特量表的应用：适用于评估受访者对某个陈述或态度的强度，如服务质量、产品满意度或品牌形象。

② 语义差分量表。语义差分量表由美国心理学家查尔斯·埃杰顿·奥斯古德（Charles Egerton Osgood）等人在 1957 年提出。它是一种测量受访者对概念、产品或服务情感反应的量表。语义差分量表中的对立形容词应选择能够准确反映研究主题的词汇。量表的设计应考虑到受访者的文化背景，确保所用词汇在不同文化中具有相同的含义。量表可以是单极的，即所有陈述都围绕一个中心点展开，也可以是双极的，即两端

都有明确的对立词汇。

语义差分量表的结构：通常包含一系列的对立形容词，如“好—坏”“满意—不满意”等，受访者需要选择最符合其感受的点。

语义差分量表的应用：适用于评估受访者的情感反应和价值判断，特别是在市场研究和品牌定位研究中。

（3）问卷调查的步骤。

① 确定调查目标。明确调查的目的和需要回答的问题。

② 设计问卷。包括设计问题（开放式、封闭式或半开放式问题）、量表（如李克特量表、语义差分量表）、指导语和结束语。

③ 选择调查方法。决定是使用纸质问卷还是使用在线问卷（如问卷星等），或使用两者结合问卷。

④ 确定样本。根据目标群体的特征确定样本大小和抽样方法。

⑤ 分发问卷。选择合适的时间和方式分发问卷，确保覆盖目标群体。

⑥ 收集数据。收集完成的问卷，并确保数据的完整性。

⑦ 数据整理与分析。对收集到的数据进行整理和分析，使用统计软件帮助分析。

⑧ 结果解释与报告。将分析结果以报告的形式呈现，内容包括关键发现和建议。

（4）问卷设计要点。

① 清晰性。确保问题表述清晰，避免歧义。

② 简洁性。问题或选项尽量简短，避免过长。

③ 逻辑性。问题应按照逻辑顺序排列，易于理解和回答。

④ 避免引导性。问题应保持中立，避免引导受访者给出特定答案。

4. 焦点小组（Focus Group）

焦点小组是一种常用的定性研究方法，通过组织一小群人就特定主题进行讨论，以获取他们的观点、态度和行为。焦点小组是一种集体讨论的方法，通常由6—10名用户组成。焦点小组可以提供用户对产品或服务的集体意见和反馈，有助于发现共性问题和需求。

（1）焦点小组的关键步骤。

① 确定目标和主题。明确焦点小组的研究目的和讨论主题。

② 选择参与者。根据研究目标，确定参与者的人口统计特征和兴趣点。

③ 招募参与者。通过各种渠道（如社交媒体、邮件列表、社区公告板）招募参与者。

④ 设计讨论指南。创建一个包含开放式问题的讨论指南，以引导对话。

⑤ 准备场地和设施。选择一个适合讨论的场地，并确保所有必要的设施（如录音设备、白板）都已准备就绪。

⑥ 进行焦点小组讨论。在主持人的引导下，进行讨论，记录参与者的观点和反馈。

⑦ 分析和解读数据。对讨论内容进行分析，提取关键主题和见解。

⑧ 报告和应用结果。将发现的见解整合到报告中，并应用到设计决策中。

（2）焦点小组的讨论指南设计。

① 引言。简短介绍研究目的和流程。

② 破冰问题。开始讨论前，使用一些轻松的问题帮助参与者放松身心。

③ 核心问题。设计关键问题，深入探讨研究主题。

④ 引导问题。在讨论偏离主题时，使用引导问题将讨论带回正轨。

⑤ 总结问题。在讨论结束时，使用总结问题来回顾和确认关键观点。

案例分析

假设我们要开展关于“大学生对校园图书馆服务改进意见”的焦点小组讨论活动。我们确定了研究目标，即收集学生对图书馆服务的反馈和改进建议。焦点小组讨论的实施步骤如下：

（1）选择参与者。选择10—12名大学生，确保他们有不同的专业背景和图书馆使用习惯。

（2）招募和邀请参与者。通过学生会、社交媒体和图书馆公告板发布邀请。

（3）准备场地和设施。预订一个会议室，准备录音设备和白板。

（4）设计讨论指南。制定包括破冰问题、核心问题和总结问题在内的讨论指南。

（5）进行焦点小组讨论。在专业主持人的引导下，进行1—2小时的讨论。记录讨论内容，分析关键主题和模式。

（6）报告和应用结果。将焦点小组的发现整合到图书馆服务改进报告中。

5. **可用性测试**（Usability Testing）

可用性测试是一种评估产品易用性的方法，通常在产品评估阶段进行，一般需要中等规模的样本量（5—15人），时间成本属于中等水平。测试者会邀请一定数量的用户在受控环境中使用产品，观察并记录他们的行为和反馈。这种方法的优点在于能够直接发现产品在实际使用中的问题，帮助开发者优化用户体验。它的缺点是测试环境可能与用户的实际使用环境不同，这可能导致测试结果与真实情况有所偏差，并且组织这样的测试可能需要较高的成本。

6. **日志分析**（Log Analysis）

日志分析是一种数据分析方法，可以在产品的全生命周期中使用，能够处理大规模的样本量（1000+），时间成本相对较低。通过收集和分析用户在使用产品时产生的日志数据，可以了解用户的行为模式和产品使用情况。这种方法的优点是能够提供大量真实且未经干扰的使用数据，有助于发现用户行为的趋势和模式。它的缺点在于日志数据通常缺乏上下文信息，难以解释个别用户的具体行为或需求。

7．卡片分类（Card Sorting）

卡片分类是一种用于信息架构设计的用户研究方法，需要中等规模的样本量（20—30人），特别适用于设计阶段。研究者会给参与者一系列代表网站内容或功能的卡片，让他们根据个人的理解和分类习惯进行分组。这种方法的优点是能够直观地了解用户对信息的组织方式和心智模型，有助于构建符合用户预期的信息架构。它的缺点是结果可能因不同的任务或参与者的个人差异而异，需要研究者进行适当的引导和解释。

总的来看，常见的用户研究方法比较如表2-3所示。

表2-3　常见的用户研究方法

序号	方法	适用阶段	样本量（n）	时间成本	优点	缺点
1	访谈	需求收集、探索阶段	小（10—30）	高	深入了解用户动机	耗时，样本有限
2	观察	需求收集、探索阶段	中（30—50）	中	观察用户行为，获取自然反应	可能存在主观性，难以量化
3	问卷调查	需求收集、验证阶段	大（100＋）	中	覆盖面广，数据易量化	缺乏深度洞察
4	焦点小组	需求收集、探索阶段	小（6—10）	中	快速收集观点，促进讨论	可能存在群体思维影响
5	可用性测试	产品评估阶段	中（5—15）	中	直接发现产品问题	环境可能不自然
6	日志分析	全阶段	大（1000＋）	低	提供真实的使用数据，无干扰	缺乏上下文信息
7	卡片分类	信息架构设计阶段	中（20—30）	中	直观理解用户心智模型	结果可能因任务而异

8．混合研究方法

在实际项目中，单一的研究方法往往难以全面把握用户需求。混合研究方法通过结合多种研究方法，可以获得更全面、更可靠的用户洞察。混合研究方法的常见组合有以下几种：

（1）问卷调查＋深度访谈。通过大规模问卷了解用户行为模式，再通过深度访谈探索背后的动机。

（2）观察＋焦点小组。先通过实地观察收集用户行为数据，再通过焦点小组讨论验证观察发现。

（3）日志研究＋情境访谈。用户记录日常使用行为，研究者再基于日志内容进行深入访谈。

网上购物平台优化

某电商平台在进行用户体验优化时，采用了混合研究方法。

（1）大规模问卷调查（$n=1000$）。了解用户购物频率、偏好商品类别等基本信息。

（2）用户日志分析。分析平台后台数据，识别用户浏览、搜索、购买行为模式。

（3）深度访谈（$n=20$）。基于问卷和日志分析结果，和用户深入探讨购物决策过程和痛点。

（4）可用性测试。针对新设计的界面原型进行小规模（$n=10$）的可用性测试。

通过混合研究方法，该平台全面优化了商品推荐算法和界面设计，用户满意度提升了15%。

2.2.4　新技术在用户研究中的应用

人工智能（Artificial Intelligence，AI）、虚拟现实（Virtual Reality，VR）等新技术正在改变用户研究的方法和工具。

1. AI辅助的数据分析

自然语言处理技术可以快速分析大量的用户反馈文本，提取关键主题和情感倾向。机器学习算法可以从海量的用户行为数据中识别出有意义的模式和异常模式。

2. VR在用户测试中的应用

VR技术为用户研究提供了创新方法，使研究人员能够在可控环境中模拟真实使用场景。VR技术允许设计师创建沉浸式测试环境，用户可以与尚未实现的产品原型自然交互，特别适用于测试复杂物理环境中的系统，如建筑空间、交通工具界面等。这种技术不仅提高了测试结果的真实性，还能收集用户在模拟环境中的详细行为数据，为设计决策提供更全面的依据。随着VR设备的普及，这种方法在用户研究中的应用前景日益广阔。

3. 眼动追踪技术

眼动追踪技术可以精确记录用户视线的移动路径，帮助了解用户的注意力分布情况，在网页设计、广告效果评估等领域有广泛应用。

4. 情感识别技术

通过分析用户的面部表情、语音、生理指标等，实时捕捉用户的情感反应，有助于更深入地理解用户体验的情感维度。

案例分析

宜家的AR应用

宜家开发了一款AR（Augmented Reality，增强现实）应用（图2-1），允许用户在自己的家中虚拟摆放家具。这不仅为用户提供了更好的购物体验，也为宜家提供了宝贵的用户行为数据。通过分析用户在AR环境中的交互行为，宜家能够更好地理解用户的偏好和决策过程，从而优化产品设计和营销策略。

图2-1　宜家的AR应用

2.3　用户需求分析

雅各布·尼尔森指出："用户需求分析不仅是为了了解用户想要什么，更重要的是理解用户为什么有这些需求。只有理解了背后的动机，我们才能设计出真正满足用户需求的产品。"用户需求分析是交互设计中的核心环节，它涉及对用户的目标、期望、行为和体验的深入理解。

2.3.1　理解用户需求的重要性

在设计过程的早期阶段，识别和理解用户需求至关重要。这不仅涉及产品的功能和性能，还包括用户的情感和心理需求。了解用户需求可以帮助设计师避免做出基于个人假设的设计决策，确保设计方案与用户的真实体验相匹配。

用户需求分析是设计起点。作为设计起点，用户需求分析可以帮助设计师确定设计的方向和重点。在设计之前，深入了解用户的需求和期望可以避免在设计过程中偏离目标用户的实际需求，减少返工和资源浪费。这种方法促使设计师从用户的角度出发，而非仅仅基于技术或市场趋势。

用户需求分析能促进用户中心的设计。将用户需求置于设计过程的核心，有助于实现以用户为中心的设计。这种方法确保设计决策基于用户的实际体验，提升产品的可用性和吸引力。用户中心的设计方法论强调了用户体验的重要性，它可以提高用户满意度和忠诚度。

用户需求分析能指导功能开发。用户需求分析为产品的功能开发提供了明确的指导。通过识别用户的基本需求、期望需求和兴奋需求，设计师可以决定哪些功能是必要的，哪些功能可以提升用户体验，以及哪些功能可能超出用户的实际需求。这有助于平衡产品的功能和复杂度，确保产品满足市场和用户的需求。

用户需求分析能增强市场竞争力。深入理解用户需求可以帮助产品在竞争激烈的市场中胜出。通过满足用户的独特需求和期望，产品可以更好地填补市场空白，增强其市场竞争力。这要求设计师不断探索和创新，以满足用户不断变化的需求。

用户需求分析能改善用户体验。用户体验是衡量产品成功的关键指标之一。理解用户需求有助于设计师创造出直观、易用且令人愉悦的用户体验。这不仅包括产品的功能和性能，还包括用户的情感和心理需求。良好的用户体验可以提升用户的满意度和产品的市场表现。

用户需求分析能支持决策制定。用户需求分析为设计决策提供了支持。设计师可以根据用户需求的优先级和重要性，做出更加明智的设计选择。这有助于确保设计资源被有效利用，并提高设计效率。

2.3.2 收集用户需求的方法

收集用户需求的方法可以从定性研究和定量研究两个角度划分。

定性研究方面，设计师主要通过深入访谈、焦点小组、观察和情境分析等方法，收集丰富的描述性数据，揭示用户的真实体验和深层次需求。

定量研究方面，通常涉及大规模的问卷调查、在线测试和数据分析。数据分析利用用户行为日志、网站分析等数据，通过算法分析用户的行为模式。

在消费者网络行为密集的今天，用户反馈已经成为一种重要的用户需求分析方法。它是收集用户对现有产品或服务的评价和建议的重要途径。通常，可以在产品或服务的网站上设置反馈表，让用户直接提交意见和建议；也可以通过监控社交媒体上的用户讨论，收集用户的自然反馈。这些反馈可以帮助设计师了解用户的实际体验，并为改进设计提供依据。

案例分析

如果要设计一款面向大学生的校园导航应用，则以下是收集用户需求的步骤。

(1) 深度访谈。与不同专业的学生进行一对一访谈，了解他们在校园内导航时遇到的问题和需求。

(2) 焦点小组。组织一个由学生代表组成的焦点小组，讨论校园导航的痛点和期望功能。

(3) 情境分析。在校园内观察学生如何找到教室、图书馆等地方，记录他们的行为和遇到的困难。

(4) 问卷调查。设计并分发问卷，收集大量学生对校园导航的需求和使用习惯。

(5) 用户反馈。通过校园论坛、社交媒体等渠道收集学生对现有校园导航工具的反馈。

(6) 数据分析。分析学生在校园网站和地图服务上的使用数据，发现常用的路线和搜索热点。

近年来，出现了更多新兴的用户研究方法。很多互联网公司利用数字民族志、远程用户研究、移动式研究等方法分析用户的观看行为和偏好，从而优化其内容推荐算法。数字民族志指利用社交媒体和在线社区数据来理解用户行为和文化。远程用户研究指使用视频会议和在线协作工具进行远程访谈和观察。移动式研究指利用智能手机 APP 收集用户实时反馈和行为数据。

2.3.3 用户的需求

理解用户需求是交互设计过程中的核心环节。下面将探讨用户需求的本质、分类方法，以及如何在设计中应用这些知识。

在探讨用户需求的分类之前，我们首先需要理解需求的本质。亚伯拉罕·马斯洛（Abraham Maslow）的需求层次理论为我们提供了一个全面的框架，该理论将人类需求分为五个层次：生理需求、安全需求、社交需求、尊重需求和自我实现需求。后又补充了求知需求和审美需求（图 2-2）。马斯洛认为需求层次越低，力量越大，潜力越大。随着需求层次的上升，需求的力量相应减弱。高级需求出现之前，必须先满足或部分满足低级需求。

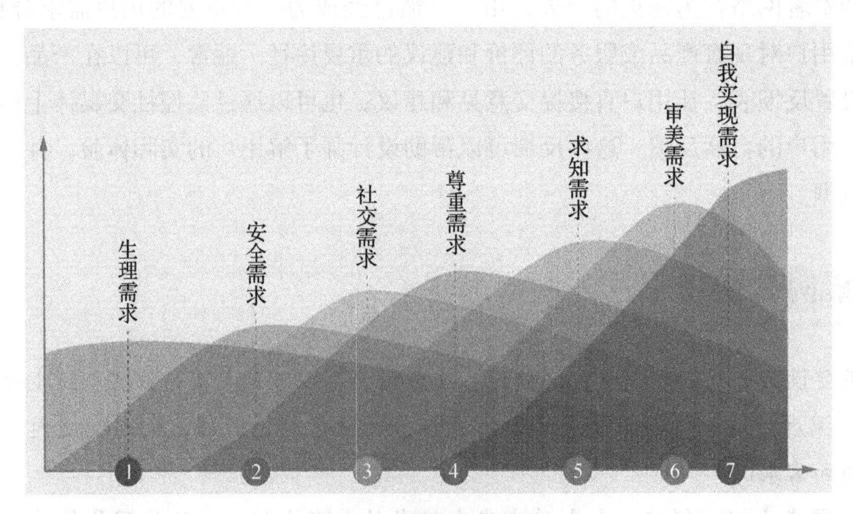

图 2-2 需求层次理论

从交互设计的角度来看，我们可以将用户需求广义地分为两类。

显性需求，用户能够明确表达或容易观察到的需求。这些通常对应于马斯洛需求层次理论中的较低层次需求。

隐性需求，用户可能没有意识到或未能明确表达的深层需求。这些往往对应于马斯洛需求层次理论中较高层次的需求。

理解显性需求和隐性需求对设计师来说至关重要，因为只有全面把握用户的所有需求层次，才能设计出既满足用户明确期望又能触动其内在动机的产品。

苹果公司在开发第一代 iPhone 时，通过深入的用户研究发现了用户对更直观、自然的手机交互方式的隐性需求，从而开发出革命性的触摸屏界面。隐性需求是用户没有明确表达，但对产品体验至关重要的需求。识别隐性需求可以为产品带来竞争优势和创新机会。

识别隐性需求的方法有下面几种：

一是深度访谈，通过开放式问题探索用户的潜在需求。

二是观察研究，在用户的自然环境中观察他们的行为和痛点。

三是情境分析，分析用户在特定情境下的行为和情感反应。

四是联想技术，使用隐喻和类比来激发用户表达深层需求。

2. 用户需求分类

在交互设计领域，准确分类用户需求对于确定设计优先级和资源分配至关重要。此处介绍一种基于 Kano 模型的更细化的需求分类方法，这种方法不仅考虑了用户的基本需求，还涵盖了能够提升用户满意度的高级需求。

Kano 模型是由日本质量管理专家狩野纪昭（Noriaki Kano）在 20 世纪 80 年代提出的。这个模型帮助我们理解产品特性如何影响用户满意度，从而更好地确定设计和开发的优先级。Kano 模型将用户需求分为五类：基本需求、期望需求、兴奋需求、无差异需求和反向需求（表 2-2）。

表 2-2 用户需求分类

用户需求类型	基本需求（Must-be Quality）	期望需求（One-dimensional Quality）	兴奋需求（Excitement Quality）	无差异需求（Indifferent Quality）	反向需求（Reverse Quality）
定义	用户认为产品或服务必须具备的特性	满足程度与用户满意度呈正比的特性	超出用户期望的特性，能带来惊喜和高满意度	用户对其存在与否不太关心的特性	存在会导致用户不满的特性

续表

用户需求类型	基本需求（Must-be Quality）	期望需求（One-dimensional Quality）	兴奋需求（Excitement Quality）	无差异需求（Indifferent Quality）	反向需求（Reverse Quality）
特点	缺失会导致用户极度不满，但满足也不会显著提升满意度	越满足，用户越满意；越不满足，用户越不满意	存在会大幅提升满意度，缺失不会导致用户不满	存在或缺失对用户满意度几乎没有影响	去除这些特性会提高用户满意度
示例	智能手机的通话功能	智能手机的电池续航时间	智能手机首次引入的指纹解锁功能	智能手机上某些预装的应用程序	过于复杂的用户界面
应用	确保所有基本需求都得到满足，这是产品成功的基础	在技术和成本允许的范围内最大化这些特性的表现	识别和实现激励需求可以为产品带来巨大的竞争优势	考虑简化产品设计，将资源重新分配到更重要的需求上	识别并消除反向需求，防止它们降低整体用户满意度

3. 需求分类的应用

在实际设计过程中，我们可以通过以下步骤对应用需求进行分类。

（1）需求收集。通过用户研究方法（如访谈、问卷调查、观察等）收集用户需求。

（2）需求分类。使用 Kano 模型对收集到的需求进行分类。

（3）优先级排序。基于需求分类结果，确定设计和开发的优先级。通常，基本需求应首先得到满足，然后是性能需求和激励需求。

（4）资源分配。根据优先级和需求类型分配设计和开发资源。

（5）创新发展。特别关注激励需求，它们往往是产品创新和差异化的关键。

（6）持续评估。随着时间推移和用户期望的变化，定期重新评估需求分类。昨天的激励需求可能会变成明天的基本需求。

通过这种分类，设计团队可以更好地理解不同功能对用户满意度的影响，从而做出更明智的设计决策。例如，他们可能会决定将更多资源投入到提升电池续航时间（性能需求）和开发新的健康监测功能（激励需求）上，同时简化用户界面以避免成为反向需求。

理解和对用户需求进行分类是创造成功产品的关键。通过区分基本需求、性能需求和激励需求，设计师可以更精确地把握用户的期望，并在满足基本需求的同时，通过卓越的性能和创新的特性来提升用户满意度。同时，识别无差异需求和反向需求也有助于优化产品设计，确保资源得到最有效的利用。在快速变化的技术和市场环境中，定期重新评估和对用户需求进行分类是保持产品竞争力的关键。

案例分析

智能手表的需求分类

让我们以一款智能手表为例，应用Kano模型进行需求分类。

（1）基本需求：准确显示时间、基本的防水功能。

（2）性能需求：电池续航时间、显示屏清晰度、处理速度。

（3）激励需求：心电图监测、睡眠质量分析、应激水平检测。

（4）无差异需求：某些预装的小游戏或应用。

（5）反向需求：复杂难用的用户界面、过于笨重的设计。

2.3.4 分析和解释用户需求

分析和解释用户需求是交互设计过程中的一个关键步骤，它涉及对收集到的数据进行深入的探讨和理解，以确保设计决策能够真正反映用户的需求和期望。

1. 需求优先级排序

在收集到大量用户需求后，首先需要对这些需求进行优先级排序，以确定哪些需求最为紧迫和重要。

方法：使用如MoSCoW方法（必须有、应该有、可以有、不会有）或Kano模型来分类需求。

应用：优先解决那些对用户至关重要的需求，合理分配资源，确保设计满足核心用户群体的期望。

知识链接

MoSCoW方法是一种简单而有效的需求优先级排序技术，它将需求分为四类。

必须有（Must-Have）。这些是项目成功所必须的需求，没有它们，项目将无法满足基本目标或用户的基本需求。

应该有（Should-Have）。这些需求对提供额外价值很重要，但它们不是项目成功的决定性因素。

可以有（Could-Have）。这些是理想的需求，如果时间和资源允许，它们可以进一步提升产品或服务。

不会有（Won't-Have）。这些需求在当前项目阶段或版本中将被排除，可能是因为它们与项目目标不一致或优先级较低。

2. 用户旅程映射

用户旅程映射是一种可视化工具，用于展示用户与产品或服务交互的全过程。

定义：通过用户旅程图，可以识别用户在各个接触点上的行为、感受和需求。

方法：创建用户旅程图（Customer Journey Map），包括用户的接触点、活动、想法和情感。

应用：通过旅程映射，设计师可以发现用户在使用产品过程中的痛点和满足点，从而找到改进设计的机会。

知识链接

机票预订的用户体验旅程

用户旅程图是一种可视化工具，用于描绘用户与产品或服务交互的全过程，包括用户在各个接触点上的情感、行为和需求。用户旅程图帮助设计师理解用户在不同阶段的体验，识别痛点和改进机会。右面的二维码展示了使用墨鱼APP进行机票预订的用户体验旅程。它覆盖了用户从初次了解产品或服务到完成使用后的所有环节。用户旅程图可以应用于服务设计、产品设计和营销策略，帮助团队集中讨论和发现创新点。

用户旅程图的创建步骤如下：

(1) 确定用户角色。基于用户研究，定义典型的用户角色。

(2) 描绘用户旅程阶段。将用户的体验分为若干阶段，如意识、考虑、购买、使用、后期评价等。

(3) 收集数据。通过访谈、观察和反馈，收集用户在各个阶段的行为和感受。

(4) 绘制旅程图。在一张长图上，按时间顺序排列各个阶段，标注用户的行为、想法和情感。

(5) 分析和洞察。识别用户旅程中的关键时刻和潜在问题。

3. 需求与设计机会关联

将用户需求与潜在的设计解决方案相匹配，可以揭示创新的机会。

定义：识别用户需求背后的设计机会，将需求转化为具体的设计特征或功能。

方法：进行创意工作坊（Creative Workshop）或头脑风暴（Brainstorming），探索不同需求如何通过设计得以满足。

应用：将用户需求转化为设计概念，设计出既新颖又实用的解决方案。

知识链接

1. 创意工作坊是一种集体创意活动，旨在通过团队合作激发新的设计思路和解决方案。工作坊通常围绕一个特定的主题或挑战，通过一系列活动促进创意的产生和概念的发展。创意工作坊可以应用于设计初期的概念探索，也可以在设计过程中解决特定的问题。

创意工作坊的实施步骤如下：

(1) 活动准备。明确工作坊目标，设计活动流程，准备所需材料。

(2) 参与者邀请。邀请跨学科团队成员参与，确保多样性。

(3) 活动引导。通过引导者激发参与者思考，促进交流。

(4) 创意生成。通过头脑风暴、角色扮演、快速原型等活动产生创意。

(5) 概念开发。将创意转化为具体的概念或原型。

(6) 评估和选择。评估创意的可行性和创新性，选择最佳方案。

2. 头脑风暴是一种集体创意技巧，通过自由发散的思维来快速生成大量创意。头脑风暴鼓励参与者自由地提出任何想法，无论其是否符合实际或具有创新之处，目的是激发更多可能的解决方案。头脑风暴广泛应用于产品设计、问题解决和创新策略的制定。图2-3展示了一个以宠物APP设计为中心的头脑风暴过程。

图2-3 头脑风暴

头脑风暴的实施步骤如下：

(1) 活动准备。明确头脑风暴的目标和规则，如禁止批评、追求数量等。

(2) 参与者选择。选择具有不同背景和专业知识的人员参与。

(3) 快速思考。在限定时间内，参与者尽可能多地提出想法。

(4) 记录所有想法。确保所有提出的想法都被记录下来，无论其质量如何。

(5) 想法筛选。在头脑风暴结束后，对想法进行分类和筛选。

(6) 深入讨论。对筛选出的想法进行深入讨论和评估。

头脑风暴后，往往需要对卡片进行分类，对头脑风暴的要点进行归纳、总结。(图 2-4)

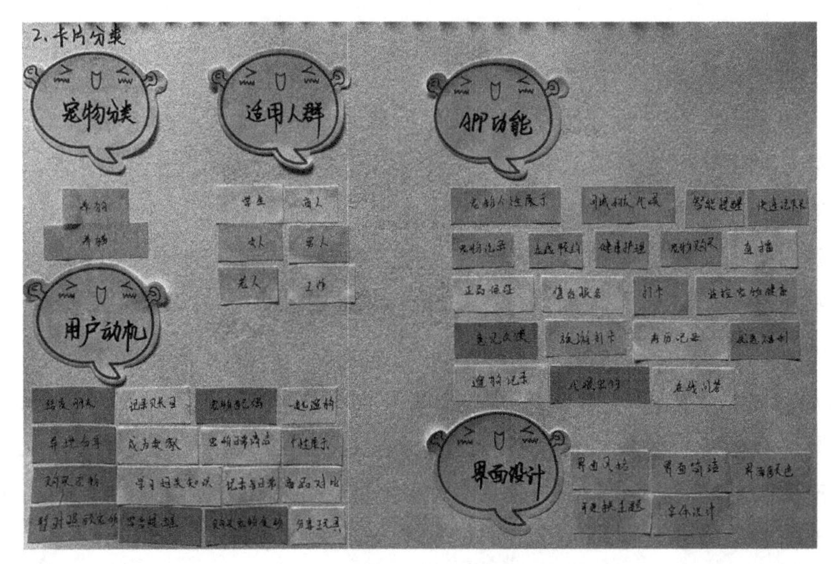

图 2-4　卡片分类

4. 处理矛盾的用户需求

在收集和分析用户需求的过程中，我们经常会遇到矛盾需求。这些需求可能来自不同的用户群体，或者是同一用户在不同情境下的需求变化。处理这些矛盾需求是设计过程中的一项重要挑战。

首先，我们需要识别出矛盾所在。通过用户访谈、问卷调查和用户行为分析，我们可以发现用户在某些特性或功能上持有相反的期望。例如，一些用户可能希望产品更为简约，而另一些用户则期望有更多的定制化选项。

识别矛盾后，下一步是深入分析产生这些需求的原因。可以使用情境分析和深度访谈等方法，探索用户提出这些需求的具体使用场景和心理动机。

基于需求背后的原因分析，我们可以对矛盾的需求进行优先级排序。可以使用 Kano 模型或 MoSCoW 方法对需求进行分类，判断哪些是基本需求，哪些是提升用户满意度的激励需求。

设计解决方案时，寻找满足不同用户群体需求的平衡点至关重要。这可能意味着为产品提供可配置的选项，或者开发多个界面以适应不同的使用情境。

创建原型并进行用户测试，验证不同设计方案对矛盾需求的解决效果。通过观察用户与原型的交互，收集反馈意见并调整设计。

根据用户反馈进行迭代优化。在每一轮迭代中，重点关注那些能够最大程度解决矛盾需求的解决方案。

5. 现代化的需求文档工具的应用

随着技术的发展，多种现代化的需求文档工具应运而生，它们为需求管理提供了更为高效和灵活的方式。表2-3展示的这些工具不仅能帮助团队成员实时跟踪需求状态，还能促进跨部门的协作和沟通。

表2-3 需求文档工具对比

工具	Jira	Trello	Notion
基础概念	问题跟踪和项目管理	看板式项目管理	多功能工作区
用户界面	复杂，功能丰富	简洁，易于理解	灵活的模块化布局
需求跟踪	强大，支持详细属性和工作流	通过卡片、列表、标签和清单进行直观管理；可添加附件和截止日期跟踪进度	高度自定义，可嵌入多种元素
协作功能	支持实时协作和评论	支持团队成员分配、评论、提及功能；便于通过拖放共同管理任务；提供活动日志追踪变更	支持协作，具有丰富的内容共享选项
敏捷支持	内置敏捷报告和看板	支持敏捷看板	可创建自定义敏捷看板
集成能力	广泛的插件和集成	与其他工具集成，如GitHub、Slack；提供应用程序接口（API）支持自定义扩展	集成多种API，支持自动化
自动化	强大的自动化脚本和工作流	通过Butler自动化功能创建触发规则；支持基于时间和行为的自动化流程；提供模板和命令快捷操作	高度自动化，支持数据库和工作流
价格	基于用户数和需求有多个付费版本	基础版免费，付费版提供更多功能	有免费版和按用户付费的订阅模式
适用场景	软件开发和复杂项目管理	快速迭代的小型项目和团队	知识管理、团队协作和项目管理
学习曲线	较陡峭，功能多	较平缓，易于上手	中等，提供丰富的自定义选项
社区和支持	大型社区，有丰富的文档和插件	用户基础广泛，有良好的社区支持	新兴社区，但增长迅速

2.3.5 用户需求文档化

在交互设计的早期阶段，将用户需求转化为文档化的形式至关重要。这不仅有助于确保设计团队对用户需求有清晰的了解，还能为后续的设计和开发工作提供明确的指导和参考。

1. 创建需求规格文档

需求规格文档（Requirements Specification Document）是将用户需求系统化并详细记录的文档。它是设计和开发过程中的重要参考，确保所有相关人员对用户需求有统一和深入的理解。需求规格文档是一种详细描述产品或服务功能、性能和用户界面的文档。它包括用户需求的详细描述、优先级、约束条件和预期的解决方案。

首先，从用户研究收集的数据和信息中提取关键需求。其次，将这些需求按照功能、优先级和用户群体进行分类和组织。最后，详细描述每个需求的具体内容、背景和预期效果。

需求规格文档在设计团队内部共享，确保设计师、开发人员和项目管理者都能理解和遵循用户需求。它还可以作为与客户或利益相关者沟通的基础，确保设计方向与他们的预期目标一致。

设计师也可以使用用户需求模板。它提供了一种用户需求的规范表达形式，可参照Volere需求模板（Volere Requirements Specification Template）。Volere需求模板是由Atlantic System Guild公司开发的一种需求规格书模板，它广泛用于软件开发项目中，并且对于设计其他类型的交互系统也非常有价值。

在交互设计中，Volere需求模板可以被调整以适应特定的设计流程，重点关注用户界面和用户体验方面的需求。设计师可以利用这个模板来确保设计解决方案能够满足用户的实际使用情况和业务目标。

案例分析

创建需求规格文档

1. 背景

假设我们正在设计一款新的移动银行应用程序，目标用户是忙碌的职场人士。通过用户研究，我们收集了大量关于用户对移动银行服务的期望和需求。

2. 需求规格文档创建步骤

(1) 需求收集。通过用户访谈、问卷调查和观察，收集用户对移动银行服务的基本需求、性能需求、和激励需求，识别用户对安全性、易用性和功能性的具体需求。

(2) 需求分类。将需求分为基本需求（如账户查询、转账功能）、性能需求（如实时通知、个性化推荐）和激励需求（如语音控制、智能理财建议）。

(3) 需求描述。对每个需求进行详细描述，包括需求的背景、目标用户、功能描述和预期效果。例如：

需求，用户能够通过移动应用程序安全地查询其银行账户余额和交易记录。背景，用户需要随时了解财务状况。功能描述，应用程序将提供一个安全的登录系统和实时的账户信息显示。

(4) 需求优先级排序。根据需求的重要性和紧迫性，对需求进行优先级排序。例如，基本需求为高优先级，性能需求为中优先级，激励需求为低优先级。

（5）文档编制。将所有需求整合到一个需求规格文档中，确保文档清晰、一致且易于理解。文档应包括需求概述、详细描述、优先级列表和相关约束条件。

（6）团队共享与沟通。将需求规格文档与设计团队、开发团队和项目管理者共享，确保所有相关人员对用户需求有统一的理解。定期更新文档，以反映设计过程中的变化和新的用户反馈。

2. 任务描述

任务描述是指用户为了实现某一目标而开展的活动。它常被用于需求分析、原型构建和评估等阶段，主要包括用户故事和使用场景、故事板、用例图、任务分析等。

（1）用户故事和使用场景。这是描述用户需求的一种有效方式。它们通过具体的故事和情境，帮助团队成员理解用户的需求和期望。

用户故事是一种简短、通俗的描述，概括了用户希望完成的任务或达到的目标，具体包括以下五个要素：

人物（Who），即目标用户。

做什么（What），即用户需求。

怎么做（How），即采取的行动。

时间（When），即什么时候。

空间（Where），即在哪里做。

用户故事通常遵循“作为一个［用户角色］，我希望［完成某项任务］，以便［实现某个目标］”的格式。使用场景则需要详细描述用户在特定环境下的行为、动机和期望的结果。

用户故事和使用场景在设计及开发过程中能起到桥梁作用，帮助团队成员从用户的角度思考问题。它们也常用于敏捷开发环境中，指导迭代开发和测试。

需求规格文档提供了一个全面的视角，而用户故事和使用场景则提供了具体和生动的描述。两者结合使用，可以确保设计团队对用户需求有全面而深入的理解，并在设计和开发过程中做出更符合用户期望的决策。

案例分析

用户故事和使用场景

1. 背景

我们正在设计一款面向大学生的校园导航应用。通过用户研究，我们发现学生在校园内寻找教室、图书馆和其他设施时面临诸多挑战。

2. 用户故事和使用场景描述步骤

(1) 用户角色定义。定义典型的用户角色，如“大一新生”“研究生”“国际学生”。例如：“作为一名大一新生，我希望能够在校园内轻松地找到教室，从而不会错过任何课程。”

(2) 用户故事编写。使用简洁的语言描述用户希望完成的任务和目标。例如：“作为一名国际学生，我希望应用能够提供多语言支持，帮助我更好地理解校园地图和指示。”

(3) 使用场景描述。详细描述用户在特定情境下的行为和需求。例如：“在考试周，作为一名研究生，我需要快速找到图书馆的安静学习区域，以便集中精力复习。”

(4) 需求验证。通过用户测试和反馈，验证用户故事和使用场景是否准确反映了用户的实际需求。例如，在用户测试中，观察学生是否能够通过应用找到他们需要的设施，并收集他们的反馈。

(5) 需求迭代。根据用户反馈和测试结果，不断迭代和优化用户故事和使用场景。例如，如果用户反馈应用中的导航不够直观，可以调整用户故事，增加对导航功能的描述，并在设计中加以改进。

(6) 团队沟通。使用用户故事和使用场景作为设计及开发过程中的沟通工具，确保团队成员理解用户需求。例如，在设计评审会议中，使用用户故事和使用场景来讨论设计概念和功能实现。

(2) 故事板 (Storyboard)。这是一种将信息以视觉化方式呈现的工具，它通过一系列有序排列的插图来讲述故事，帮助人们更好地理解和记忆信息。这种工具最初在动画和电影行业中被广泛使用，如迪士尼工作室在20世纪20年代就开始使用故事板来绘制故事草图。

在交互设计中，故事板同样扮演着重要角色，它可以帮助设计师以视觉化的方式探索和预测用户对产品的体验，从而更深入地理解用户的需求和使用场景。它通过展示用户旅程，引导设计决策，促进团队合作，验证设计假设，提高设计的一致性，从而在设计过程中发挥关键作用。创建故事板的过程不需要高超的绘画技巧，关键在于能够清晰地传达故事和信息，使设计师能够围绕用户构建清晰的体验设计方案。

故事板

在实际操作中，创建故事板通常包括以下步骤：确定用户场景；规划主要情节；添加视觉元素和文字说明。

总的来说，故事板是一种强大的视觉化工具，它能够帮助产品设计团队更好地理解用户，优化用户体验，并提高团队的协作效率。

(3) 用例图 (Use Case Diagram)。这是统一建模语言 (UML) 的重要组成部分，用于可视化展示系统功能及其与外部参与者的交互关系。在交互设计中，用例图帮助团队清晰理解和沟通系统的功能需求。

用例图的核心元素包括参与者（使用系统的外部实体，如用户或其他系统）、用例（系统提供的功能）、系统边界（定义系统范围的矩形框）以及它们之间的关系（包括关联、包含、扩展和泛化关系）。

参与者（Actors），指与系统交互的外部个体或事物，可以是人（如用户、管理员）、外部系统或硬件设备。在用例图中，参与者通常用一个人形图标或圆表示，并包含一个名称。

用例（Use Cases），表示系统的一项或一组功能，是系统如何被使用的具体场景。用例用椭圆表示，并包含一个描述性的名称。

系统边界（System Boundary），有时也称为系统框，它定义了所讨论系统的范围。系统边界用矩形表示，包含了系统名称和相关的用例。

关联（Associations），表示参与者和用例之间的关系。在用例图中，关联用直线表示，连接参与者和与他们相关的用例。

包含关系（Include），当一个用例的功能包含另一个用例的功能时，称为包含关系，用带有〈〈include〉〉标签的虚线箭头表示。

扩展关系（Extend），当用例的功能在某些条件下扩展或增加额外步骤时，称为扩展关系，用带有〈〈extend〉〉标签的虚线箭头表示。

泛化关系（Generalization），表示参与者之间的继承关系，即一个参与者（子参与者）继承另一个参与者（父参与者）的特性，用带有〈〈generalization〉〉标签的开放箭头表示。

创建用例图的过程通常从识别参与者开始，然后确定系统功能，并建立参与者与功能间的关系。有效的用例图应当简洁明了，关注系统的核心功能和关键交互，避免过度复杂化。

用例图在需求分析阶段特别有价值，它帮助设计团队与利益相关者达成共识，确保系统设计满足用户真实需求。通过可视化展示交互场景，用例图为后续设计和开发工作提供了清晰的指导框架。

案例分析

餐厅点菜系统

基于系统功能和用户交互的视角分析如下。

1. 系统目标

提供一个用户友好的界面供顾客浏览菜单。

允许顾客选择他们想要的食物和饮料。

将顾客的点菜信息传递给厨房和服务员。

2. 参与者

顾客：点菜系统的最终用户。

服务员：协助顾客点菜并提供服务。

厨师：根据点菜信息准备食物。

3. 功能需求

浏览菜单：顾客可以查看餐厅提供的所有菜品和价格。

点菜：顾客选择他们想要的菜品并提交订单。

修改订单：在确认订单前，顾客可以更改或取消已点的菜品。

确认订单：顾客最终确认他们所点的菜品，之后订单将发送到厨房。

支付：顾客完成用餐后，进行支付。

4. 系统流程

顾客进入餐厅并就座。

服务员提供菜单，并说明点菜流程。

顾客浏览菜单，选择菜品。

顾客通过点菜系统提交点菜信息。

服务员审核顾客的订单，并确保所有信息准确无误。

订单信息传送至厨房，厨师根据订单准备食物。

食物准备完毕后，服务员将菜品送到顾客桌前。

顾客用餐结束后，请求服务员结账并进行支付。

5. 数据流

从顾客到点菜系统的点菜信息流。

从点菜系统到厨房的订单信息流。

从厨房到服务员的菜品准备状态信息流。

从服务员到顾客的菜品交付流。

6. 技术实现

使用触摸屏或纸质菜单进行点菜。

点菜系统后端处理订单数据和用户交互。

厨房打印系统接收并打印订单详情。

支付系统处理顾客的支付请求。

7. 用户界面

菜单展示界面：清晰展示菜品名称、描述和价格。

点菜界面：允许顾客添加、删除或修改菜品。

订单确认界面：顾客可以查看并确认他们的最终订单。

支付界面：顾客输入支付信息并完成支付。

8. 系统约束

订单一旦确认，修改将受到限制。

支付必须在用餐结束后完成。

系统应能够处理高并发点菜请求。

9. 异常处理

菜品缺货时，系统应通知顾客并提供替代选项。

支付失败时，系统应提示顾客重新支付。

10. 安全性和隐私

确保顾客支付信息的安全。

保护顾客个人信息不被未授权访问。

为了方便理解，本案例的用例图如图 2-5 所示。

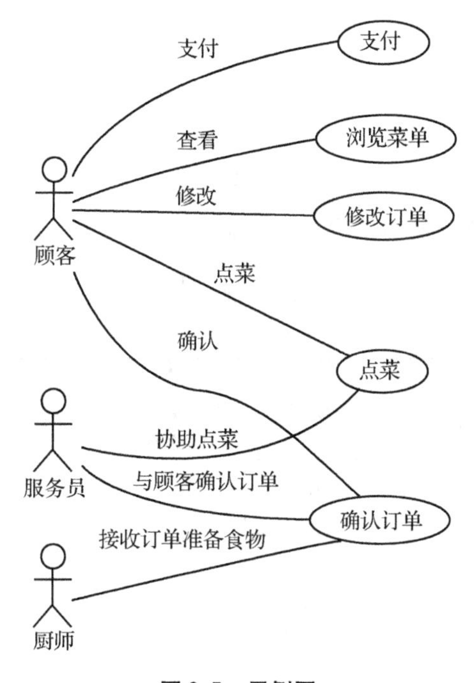

图 2-5　用例图

（4）任务分析。这是一种系统性的方法，用于理解和描述人们如何完成特定任务。它涉及识别任务的各个组成部分、执行顺序以及完成这些任务所需的技能和知识。常用的有层次任务分析和认知任务分析。

层次任务分析（Hierarchical Task Analysis，HTA）是任务分析的一种类型，它通过将复杂的任务分解成更小、更简单的子任务，并按照执行顺序组织这些子任务来创建任务的层次结构。HTA 特别关注任务之间的逻辑关系和层级关系，这有助于揭示任务执行过程中的关键步骤和潜在的决策点。在用户体验设计中，HTA 用来分析并描述用户为了达到目标所进行的一系列任务，以及用户与软件系统是如何交互的。HTA 通常用于人因工程、交互设计、培训和工作流程设计等领域。

认知任务分析（Cognitive Task Analysis，CTA）是一种深入探究用户完成任务时内在认知过程的方法。与层次任务分析关注可观察的行为不同，认知任务分析专注于识别用户的决策过程、心智模型、注意分配和知识应用等认知活动。这种方法特别适用于分析需要专业知识或复杂决策的任务，如医疗诊断、飞行控制或金融分析等领域。在交互设计中，认知任务分析帮助设计师理解用户如何处理信息、做出判断和解决问题，从而设计出更符合用户思维模式的界面。常用的认知任务分析技术有关键决策法（识别关键决策点及其背后的知识）、认知访谈（让用户边执行任务边口述思考过程）和过程追踪（记录和分析用户解决问题的思维路径）。通过揭示用户的隐性认知活动，认知任务分析为复杂系统的设计提供了宝贵洞察，有助于减少用户错误、缩短学习曲线并提高操作效率。

案例分析

网站购物

以网站购物系统为例，使用层次任务分析如图 2-6 所示。

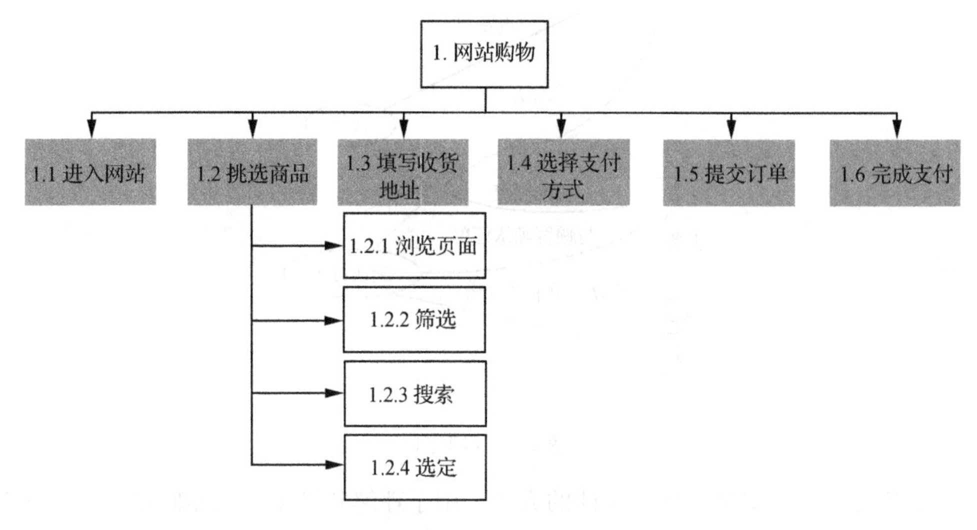

图 2-6　层次任务分析

2.3.6　验证和迭代

谷歌经常使用 A/B 测试来验证搜索结果页面的设计变更，确保每次更新都能提升用户体验。在交互设计过程中，验证和迭代是确保设计满足用户需求的关键环节。需求验证方法有很多种，诸如原型测试、用户反馈循环、A/B 测试和可用性测试等。此处将重点介绍前两种方法，后两种方法在其他章节介绍。

1. 原型测试

原型测试是一种使用原型（可以是低保真或高保真的模型）来模拟用户与产品的交互，从而收集用户反馈和行为数据，验证设计解决方案的方法。它可以帮助设计师发现设计中的可用性问题，并验证用户需求是否得到满足。其实施步骤如下：

（1）定义测试目标。明确测试的目的，确定需要验证的用户需求和设计假设。

（2）设计测试任务。根据测试目标，设计用户需要完成的具体任务，确保任务真实反映用户使用场景。

（3）招募参与者。选择具有代表性的目标用户群体，确保样本多样性。

（4）准备测试环境。设置测试环境，确保测试工具和材料如观察室、录音设备等准备就绪。

（5）进行测试。在控制或非控制环境中观察用户执行任务，记录用户的行为和反应。

（6）收集数据。使用屏幕录像、音频记录、观察记录等方法收集用户行为和反馈数据。

（7）分析结果。分析测试数据，识别问题和改进点，评估用户满意度。

（8）报告和改进。将测试结果整理成报告，并根据反馈改进设计。

2. 用户反馈循环

用户反馈循环是一种持续收集和利用用户反馈来优化设计方案的过程。它强调了用户在设计过程中的参与和反馈的重要性。其实施步骤如下：

（1）建立反馈渠道。设计易于用户参与的反馈机制，如在线调查、社交媒体、用户论坛等。

（2）收集反馈。定期收集用户的反馈，包括正面评价和改进建议。

（3）分析反馈。对收集到的反馈进行分类和分析，识别关键问题和改进点。

（4）设计迭代。根据用户反馈，调整和优化设计方案。

（5）与用户沟通。向用户展示他们的反馈如何被用于改进设计，增加用户的信任和参与感。

2.4 用户画像创建

用户画像（Persona）是一种虚构的、具体的用户代表，用于指导设计决策和沟通。这个概念最早由软件设计师艾伦·库珀在20世纪90年代提出。他认为，通过创建具体的用户形象，设计师可以更好地理解和关注用户需求，从而创造出更符合用户期望的产品。

用户画像通常包含用户的人口统计信息、行为模式、目标、挑战和偏好等要素。如图 2-7 所示，其表现类型多样，不仅是数据的汇总，更是对用户的生动描绘，帮助设计师团队将抽象的用户需求转化为具体的设计方向。

角色/职位：初中生
年龄：15岁
频次：中频用户
常用功能：宠物个性展示

用户描述：
A角色是一名初中学生，他对宠物个性展示比较感兴趣，作为热衷用户他对这一功能提出了很多有用的建议以及对于这一模块的个人看法，下面是他提出的问题。

核心观点：
1. 智能捏脸的功能可以不只是单一的捏脸，可以增加拍照识别的功能，更便捷地上传宠物照片。
2. 有时并不能找到很符合自己宠物的特点，可以多增加一点细节和配饰的内容。

角色/职位：女大学生
年龄：20岁
频次：中频用户
常用功能：同城喂养

用户描述：
B角色是一名女大学生，她对宠物代养这一功能接触得较多，作为专家级用户她对这一功能提出了很多有用的建议以及对于这一模块的个人看法，下面是她提出的问题。

核心观点：
有些时候找不到合适的人来帮忙喂养，不能够确定喂养人是否会认真对待宠物。

角色/职位：教师
年龄：27岁
频次：中频用户
常用功能：社区，结交好友

用户描述：
C角色是一名女教师，她对宠物交友这方面的需求较多，作为热衷用户她对这一功能提出了很多有用的建议以及对于这一模块的个人看法，下面是她提出的问题。

核心观点：
1. 结交好友这一功能很好地帮助我在平时的下班时间结交一些附近的朋友，可以一起分享宠物的日常。
2. 界面内容可以适当增加一些，比如周边旅游打卡功能不是很全。

角色/职位：退休老人
年龄：57岁
频次：中频用户
常用功能：智能提醒

用户描述：
D角色是一名退休老人，他对智能提醒的功能接触较多，作为热衷用户他对这一功能提出了很多有用的建议以及对于这一模块的个人看法，下面是他提出的问题。

核心观点：
1. 提醒功能能够很好地帮助我记起遗忘的事情。
2. 提醒界面功能过多，用起来可能会不太方便。

用户画像

XIAOYA

年龄：15-20
性别：女
婚姻状况：未婚
教育程度：中学
用户等级：普通用户
就业程度：无
社会性质：
工资水平：无

用户处于青少年时期，会喜欢一些好玩、新奇的内容，而萌宠日记中的宠物形象展示就可以很好地满足这一点，让用户玩进去，亲手捏出自己家的宠物，也可以发到社区中与大家分享。

XIAOGUI

年龄：19-25
性别：女
婚姻状况：未婚
教育程度：本科大学
用户等级：VIP
就业程度：学生
社会性质：
工资水平：无

用户正处于学习阶段，大部分时间会在学校，可以自己照顾宠物，但是假期回家时，宠物并不方便带回家，就可以在萌宠日常里找到同城代养，把自己的宠物暂时寄养过去。

XIAOGOU

年龄：26-40
性别：女
婚姻状况：已婚
教育程度：本科大学
用户等级：VIP
就业程度：老师
社会性质：
工资水平：无

用户在教学工作阶段，会把大部分精力放在教学上，用来结交新的爱宠人士的机会就会变少，在萌宠日常的社区中就可以很快结交到许多养宠物的朋友，和大家一起分享爱宠的日常。

XIAOYU

年龄：50-65
性别：男
婚姻状况：已婚
教育程度：本科大学
用户等级：普通用户
就业程度：退休老人
社会性质：
工资水平：无

用户退休在家，空闲时间很多，但由于年龄偏大，偶尔会忘记喂食等等，在萌宠日常中就可以设置智能提醒，提醒喂食、驱虫等，也可以在宠物记录里记录宠物的花销、病例等。

图 2-7　用户画像

2.4.1　创建用户画像的步骤

（1）数据收集。通过各种用户研究方法，如访谈、问卷调查、观察和日志研究，收集用户的行为数据和态度信息。

（2）人口统计特征。确定用户的基本信息，包括但不限于性别、年龄、教育水平、职业和地理位置。

（3）目标和动机。明确用户使用产品或服务的目标是什么，以及驱使他们采取行动的内在动机。

（4）行为模式。描述用户与产品或服务交互的具体方式，包括他们的行为习惯和使用场景。

（5）需求和痛点。识别用户在使用过程中的关键时刻，特别是他们遇到的问题和未满足的需求。

（6）态度和价值观。理解用户对产品或服务的个人看法，以及他们的价值观如何影响决策过程。

(7) 用户故事。通过故事讲述的方式，展现用户如何与产品或服务互动，以及他们的日常使用场景。

(8) 视觉呈现。为用户画像创建视觉元素，如照片、职业描述、生活场景等，使用户画像更加生动和具体。

(9) 验证和迭代。通过与真实用户的交流和反馈，验证用户画像的准确性，并根据反馈进行必要的调整。

2.4.2 不同类型项目中的用户画像应用

用户画像在 B2C（Business-to-Consumer，企业对消费者）和 B2B（Business-to-Business，企业对企业）项目中的应用有所不同。

(1) B2C 项目中的用户画像侧重于个人消费者的生活方式、价值观和消费行为；通常包含更多情感和生活场景描述；可能需要多个画像来代表不同的消费者群体。

示例：电商平台的用户画像可能包括“时尚追求者小王”“精打细算的家庭主妇李姐”等。

(2) B2B 项目中的用户画像更关注业务角色、决策过程和组织目标；可能需要描述多个相关角色，如决策者、使用者、影响者等；包含更多行业特定术语和业务流程描述。

示例：企业管理软件的用户画像可能包括“追求效率的人力资源总监张总”“关注数据安全的 IT 经理王工”等。

在实际项目中，可能需要结合使用 B2C 和 B2B 的画像方法，特别是在面向企业的产品同时影响到最终消费者的情况下。

2.4.3 用户画像创建方法与示例

(1) 数据收集。

方法：问卷调查、用户访谈、数据分析等。

示例：针对智能家居产品的在线问卷，收集用户的技术接受度、家庭构成、日常习惯等信息。

模板：

A. 您的年龄段是？□18—25 岁 □26—35 岁 □36—45 岁 □46—55 岁 □56 岁及以上

B. 您使用智能家居产品的主要目的是？(多选)

□节能 □安全 □便利 □娱乐 □其他____________

C. 您每天有多少时间在家？□ <6 小时 □6—10 小时 □10—14 小时 □ >14 小时

（2）识别模式。

方法：数据聚类、主题分析。

示例：发现 30—45 岁的用户群体更关注智能家居的安全功能。

工具：Excel 软件，SPSS 等专业统计软件。

（3）创建初步画像。

方法：基于数据模式创建 2—3 个代表性画像。

示例：

姓名：安全意识强的李女士

年龄：35 岁

职业：银行经理

家庭情况：已婚，有一个 3 岁的孩子

技术接受度：中等

主要需求：家庭安全、节能

痛点：担心家中老人和孩子的安全，希望远程监控家庭状况

（4）添加细节。

方法：补充日常生活细节，使画像更生动。

示例：李女士每天早上 7 点出门上班，晚上 7 点回家。她喜欢在周末与家人一起烘焙。

（5）验证和修改。

方法：与团队成员和真实用户讨论画像的准确性。

示例：通过用户访谈发现，原画像忽略了用户对隐私的顾虑，需要补充相关信息。

（6）制作最终画像。

方法：整合所有信息，制作视觉化的画像卡片。

工具：Photoshop、Sketch 等设计软件，或 Xtensio 等在线工具。

（7）应用画像。

方法：在设计讨论和决策中引用画像。

示例：在讨论新功能时，询问“这个功能对李女士有什么帮助？”

2.4.4 避免用户画像中的刻板印象和偏见

创建用户画像时，需要警惕可能出现的刻板印象和偏见。

（1）多样性意识。确保画像代表多元化的用户群体，包括不同年龄、性别、文化背景的用户。

（2）避免假设。不要基于个人经验或偏见做出无根据的假设。例如，不要假设所

有老年人都不懂技术。

（3）使用真实数据。画像应基于实际的用户研究数据，而非想象或猜测。

（4）定期审查。定期检查画像是否仍然准确反映用户群体，及时更新过时或不准确的信息。

（5）团队多元化。确保创建画像的团队本身具有多样性，可以提供不同的视角。

（6）关注共性而非个体。画像应代表用户群体的共同特征，而非个别用户的特殊情况。

（7）使用中性语言。描述画像时使用客观、中性的语言，避免带有价值判断的词语。

示例："年轻人小王沉迷于社交媒体，整天刷手机。"这是不恰当的描述。改进后的描述为："25 岁的小王经常使用社交媒体保持与朋友的联系，平均每天在社交应用上花费 3 小时。"

2.4.5　动态用户画像

用户画像不应是静态的，而应随着项目进展和用户需求的变化而不断更新。动态用户画像强调持续迭代和完善用户画像的重要性。

动态用户画像的维护方法如下：

（1）定期回顾。每季度或每半年回顾一次用户画像，检查其准确性和相关性。

（2）持续收集反馈。建立收集反馈机制，持续收集用户反馈，如产品内的反馈按钮、定期的用户调研等。

（3）A/B 测试结果整合。将 A/B 测试的结果反馈到用户画像中，更新用户的偏好和行为模式。

（4）数据分析。利用产品使用数据，不断更新用户的行为模式和使用习惯。

（5）跨职能协作。鼓励产品、设计、市场、客服等不同部门共享用户洞察，丰富用户画像。

（6）版本控制。使用版本控制系统管理用户画像的变更，便于追踪画像的演变过程。

（7）情境更新。根据新的市场趋势或技术发展，更新用户画像中的使用情境。

以下是智能家居产品用户画像的动态更新：

初始版本（2022 年），强调基本的远程控制和节能功能。

更新版本（2023 年），增加了对 AI 语音助手集成的需求，反映了市场趋势变化。

最新版本（2024 年），增加了家庭健康监测功能，响应疫情后用户对健康的关注。

通过保持用户画像的动态性，设计师可以确保他们的决策始终基于最新、最相关的用户洞察。

本章小结

本章深入讨论了用户研究在交互设计中的核心作用，包括认知心理学基础、用户研究方法、用户画像创建和用户需求分析。我们学习了如何通过观察、访谈和问卷调查等方法收集用户数据，并通过这些数据创建具体且具有代表性的用户画像。此外，我们还探讨了用户需求的分类、分析和文档化，以及如何通过原型测试和用户反馈循环进行需求验证和迭代。通过本章的学习，能够将理论知识转化为实践技能，为设计出卓越用户体验的产品打下坚实的基础。

思考与应用

1. 在进行用户研究时，如何平衡定量研究方法和定性研究方法？

2. 用户画像如何帮助设计师做出更好的决策？请举例说明。

3. 在创建用户画像时，如何避免落入刻板印象的陷阱？

4. 如何在有限的时间和资源下，有效地识别和验证用户的隐性需求？

5. 在处理矛盾的用户需求时，如何平衡不同用户群体的利益？

6. 新技术（如 AI、VR）如何改变我们进行用户研究和需求分析的方式？

7. 选择一个你常用的移动应用，设计一份简短的用户调查问卷（10 道题以内），目的是了解用户的使用习惯和改进需求。基于调查结果，创建一个用户画像，包括基本信息、目标、痛点、行为模式等要素。

8. 组织一个 3—5 人的小组，进行一次焦点小组讨论，主题是“未来 5 年内智能家居的发展趋势”。记录讨论过程和主要发现。

9. 选择一个你经常使用的 APP，尝试使用 Kano 模型对其功能进行分类。

10. 使用一种现代化的需求管理工具（如 Trello），为一个假想的产品创建需求列表。

第 3 章

设计思维与方法

学习目标

- 理解设计思维的基本概念和五个核心阶段。
- 掌握创意发散与收敛的技巧，提高创新能力和决策能力。
- 了解不同的设计方法论，并学会如何将它们应用到设计实践中。
- 构建个性化的设计流程，并学会如何通过迭代来优化设计方案。

设计思维不仅改变了我们解决问题的方式，还是一种全新的思考模式。它鼓励我们从用户的角度出发，通过同理心去理解用户的需求，然后通过迭代的过程不断优化解决方案。创意发散与收敛是设计思维的重要部分。发散思维激发我们的创造力，帮助我们探索多种可能性；而收敛思维则帮助我们从众多选项中做出选择，找到最佳的解决方案。掌握这两种思维方式，将使我们在设计时更加灵活和高效。设计方法论为我们提供了一套系统的设计流程和工具，如用户中心设计、敏捷设计和精益设计等。这些方法论不仅能够帮助我们更好地组织设计过程，还能够提高设计的质量和效率。在本章中，我们将学习如何根据不同的项目需求选择合适的设计方法论，并将其应用到实际的设计工作中。设计流程与迭代是交互设计中不可或缺的部分。一个清晰、高效的设计流程能够帮助我们系统地解决问题，而迭代则确保了设计的持续改进和优化。通过本章的学习，我们将学会如何构建自己的设计流程，并在实践中不断迭代和完善设计方案。

3.1 设计思维简介

3.1.1 设计思维的定义与核心原则

1. 设计思维的定义

设计思维（Design Thinking，DT）是一种以人为本的解决复杂问题的创新方法。它利用设计者的理解和方法，将技术可行性、商业策略与用户需求相匹配，转化为客户价值和市场机会。设计思维具有综合处理能力，能够理解问题产生的背景，催生洞察力及解决方法，并能够理性地分析和找出最合适的解决方案。它是一种以解决方案为基础的思维形式，不是从某个问题入手，而是从目标或者从要取得的成果着手，然后通过对当前和未来的关注，探索问题中的各项参数变量及解决方案。

设计思维的起源可以追溯到20世纪80年代，随着人性化设计的兴起，设计思维首次引起世人的瞩目。在科学领域，把设计作为一种“思维方式”的观念可以追溯到赫伯特·西蒙（Herbert Simon）于1969年出版的《人工科学》一书。在工程设计方面，更多的具体内容可以追溯到罗伯特·麦金（Robert McKim）于1972年出版的《视觉思维的体验》一书。在20世纪80年代和90年代，罗尔夫·法斯特（Rolf Faste）在斯坦福大学任教时，扩大了罗伯特·麦金的工作成果，把“设计思维”作为创意活动的一种方式进行了定义和推广，此活动通过他的同事大卫·凯利（David Kelley）得以被IDEO公司的商业活动所采用。彼得·罗（Peter Rowe）于1987年出版的《设计思维》一书首次引人注目地使用了这个词语，它为设计师和城市规划者提供了实用的解决问题程序的系统依据。1992年，理查德·布坎恩（Richard Buchanan）发表题为“设计思维中的疑难问题”的文章，表达了更为宽广的设计思维理念，即设计思维在处理人们在设计中的棘手问题方面已经具有了越来越高的影响力。

2. 设计思维的核心原则

（1）用户中心。始终将用户的需求和体验放在首位。

（2）实验性。鼓励尝试和实验，接受失败并将之作为学习和进步的机会。

（3）迭代性。设计是一个不断迭代和完善的过程。

（4）跨学科合作。团队成员来自不同背景，以多角度审视问题。

（5）视觉化。使用草图、模型及其他视觉工具来表达和沟通想法。

3.1.2 设计思维与问题解决

在设计思维的框架下，问题解决不再是一个线性的、单一方向的过程，而是一个多维度、迭代的探索旅程。设计思维如何帮助我们更有效地解决问题？让我们通过以下几个方面来深入理解。

1. 重新定义问题

设计思维鼓励我们跳出传统思维的框架，重新定义问题。例如，斯坦福大学的设计学院通过“如何可能”（How Might We，HMW）的问题框架来引导学生重新定义问题。这不是对问题表层的描述，而是深入挖掘问题的核心和本质。在设计一款新的移动应用时，设计团队可能会发现用户真正需要的不是更多的功能，而是更快速、更直观的体验。通过重新定义问题，设计师可以将注意力集中在提升用户体验上，而不是简单地增加功能。

2. 多角度审视问题

设计思维强调跨学科合作的重要性。在解决问题的过程中，团队成员来自不同的背景和专业领域，他们可以从不同的角度提供见解和解决方案。这种多样性不仅扩大了问题解决的视野，也增加了创新的可能性。例如，一个由设计师、工程师、市场营销专家和用户研究员组成的团队，可以更全面地考虑产品的设计、技术实现、市场定位和用户需求。

3. 创造性地探索解决方案

设计思维鼓励创造性思维和自由联想。在“创意”阶段，团队成员被鼓励提出尽可能多的想法，不论这些想法是否符合实际或可行。这种开放性激发了创新的火花，有助于发现独特和创新的解决方案。通过使用思维导图或六顶思考帽等工具，团队成员可以在不受限制的环境中自由地发散思维。

4. 原型和迭代

设计思维中的原型制作是一个快速、低成本的方法，用于测试和探索解决方案。例如，使用纸板、黏土或其他简易材料快速制作原型。原型不必完美，但它们提供了一个用来观察和体验解决方案的具体方式。通过原型，团队可以收集用户反馈，并根据反馈进行迭代改进。

5. 持续的测试和学习

设计思维是一个持续的思维过程，它强调通过测试和学习来不断改进解决方案。这种迭代方法允许团队在开发过程中不断适应和优化，以更好地满足用户需求。

设计思维的核心价值在于，它能够帮助设计师洞察用户的潜在需求，发现问题背后未被满足的机会。通过同理心驱动，设计师能够深入了解用户的行为动机、痛点和期望，而不仅仅局限于表面问题。这种以用户为中心的思考方式，使设计师能够重新定义问题，从而找到更创新、更贴近用户需求的解决方案。

例如，在设计一款新型智能手机时，如果设计团队仅仅关注提升硬件规格或增加功能，往往容易陷入同质化竞争。但如果团队运用设计思维，通过深入观察用户的日常使用场景和痛点，就可能发现用户更需要一款能够提供更流畅、更安全的使用体验的手机。于是，设计团队将目标转向优化操作界面、增加电池续航时间、改善握持感等方面，最终推出了一款深受用户好评的产品。

这种以用户为中心的设计思维，不仅能帮助企业更好地满足现有需求，还能发现潜在的新机会，推动产品和服务创新。设计思维所体现的同理心、创新精神和迭代优化，已经成为当今企业保持市场竞争力的关键所在。

案例分析

IDEO 的创新方法

IDEO 是世界上最著名的设计咨询公司之一，它使用设计思维来解决各种复杂问题。在为一家医院设计新的病人护理流程时，IDEO 的团队首先通过观察和访谈来理解病人和医护人员的需求和挑战。然后，他们重新定义问题，将其从“如何提高护理效率”转变为“如何创造更人性化的护理体验”。通过跨学科团队的合作，IDEO 生成了多种创新的护理流程设计方案，并通过制作原型和用户测试来验证这些方案的可行性。最终，IDEO 帮助医院实现了更高效、更人性化的护理流程。

3.1.3 设计思维的五个阶段

设计思维的五个阶段构成了一个完整的创新循环，每个阶段都为最终的解决方案提供必要的视角和工具（图 3-1）。下面我们将详细探讨这五个阶段，并提供一个综合性案例来展示它们在如何在实际问题解决中的应用。

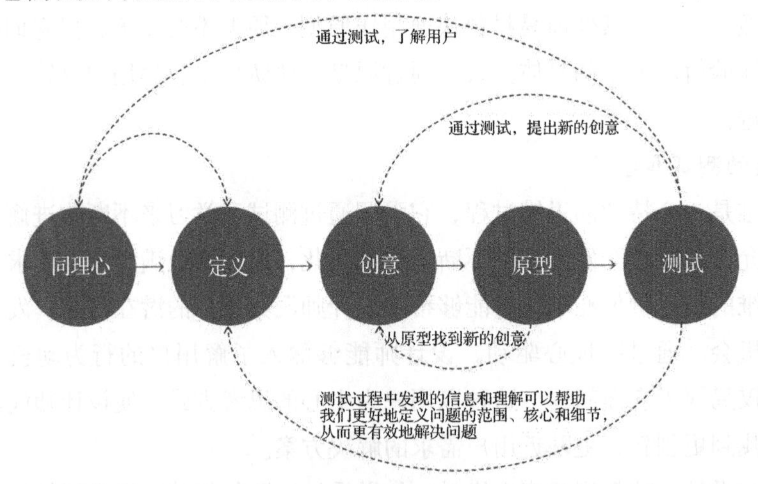

图 3-1　设计思维的五个阶段

1. 同理心（Empathize）

同理心阶段是设计思维的基础。在这个阶段，设计师将自己置于用户的位置，通过观察、访谈、体验和参与来深入理解用户的需求、情感和行为。

2. 定义（Define）

在定义阶段，设计师将对从同理心阶段收集到的大量信息进行整理，明确问题的范围和本质，形成清晰的问题陈述。

3. 创意（Ideate）

创意阶段是设计思维过程中最具创造性的部分。设计师利用从定义阶段得到的问题陈述，通过头脑风暴、思维导图等方法，激发创新思维，产生多种可能的解决方案。

4. 原型（Prototype）

在原型阶段，设计师选择最有潜力的一个或几个创意，快速制作出原型。这些原型可以是草图、模型或最小可行性产品，用于探索和测试解决方案的可行性。

5. 测试（Test）

测试阶段是设计思维循环的最后阶段，也是一个新循环的开始。设计师将原型呈现给真实用户，收集反馈，评估原型的有效性，并根据反馈和评估进行迭代改进。

案例分析

案例背景：

应用设计思维为发展中国家的社区设计一个清洁水源解决方案。要求不仅能够解决实际问题，还能够展示设计思维是如何帮助我们深入理解用户需求的，创造性地探索解决方案，并在不断的测试和迭代中完善设计。

解决方案：

设计团队在解决发展中国家清洁水源问题时，团队成员亲自前往当地，与居民同吃同住，亲身体验他们的生活条件和水源获取的困难。这种深度的同理心帮助团队真实地了解到问题的核心。

在清洁水源项目中，团队通过分析收集的数据和故事，定义了问题陈述："如何为资源有限的社区提供一种经济、可持续的清洁水源解决方案？"

团队运用头脑风暴法，提出了一系列创意，包括雨水收集系统、太阳能净水器、社区合作的水源共享计划等。

团队选择了社区合作的水源共享计划，并制作了一个简单的流程图和规则说明，模拟了该计划的运作方式。最终将水源共享计划的原型带回社区，邀请居民参与讨论和测试。通过观察居民的反应和收集他们的意见，团队发现了原型中的一些问题，并据此进行了调整。

3.2 创意发散与创意收敛

3.2.1 创意发散

创意发散是设计思维中至关重要的一个环节，它涉及在问题解决过程中产生和扩展想法的过程。在创意发散阶段，我们鼓励开放性思维和自由联想，不论它们看起来是否立即可行或实用。创意发散是为了生成尽可能多的解决方案和概念，激发团队的创造力和协作精神，并通过广泛收集想法，增加找到创新解决方案的机会。

1. 创意发散的重要性

创意发散的核心在于打破常规思维的局限，激发创新和多样性。在这个阶段，我们不评价或筛选想法，而是让思维自由流动，从而创造出一个广阔的想法池。这种多样性是创新的基石，因为它提供了更多的选择和可能性，为后续的创意收敛和寻找解决方案提供了丰富的素材。

2. 创意发散的特点

（1）自由性。在创意发散阶段，所有的想法都受到欢迎，无论它们多么非传统或荒谬。

（2）数量优先。鼓励生成大量的想法，认识到数量可以激发质量。

（3）多样性。鼓励不同背景和专业知识的人参与，以增加想法的多样性。

（4）非评判性。避免在发散阶段评判或批评任何想法，以保持思维的开放性。

3. 创意发散的方法

（1）头脑风暴。这是一种集体创意技术，团队成员在一定时间内提出尽可能多的想法，遵循不批评、不过滤的原则。现在也可以借助人工智能工具进行头脑风暴。

（2）思维导图。一种将中心思想与相关子概念以视觉化分支形式连接起来的方法。它通过非线性的布局帮助人们组织和扩展思维，揭示概念之间的关系和层次结构。

（3）六顶思考帽。一种角色扮演和多角度思考的方法，由爱德华·德·波诺博士（Dr. Edward de Bono）开发。每顶“帽子”代表一种特定的思考角度，如事实（白帽）、情感（红帽）、批判（黑帽）、积极（黄帽）、创意（绿帽）和过程（蓝帽）。

案例分析

在一家汽车制造公司的创新会议上，团队使用了六顶思考帽这一创意发散的方法来探索新型电动汽车的设计。团队成员轮流戴上不同的帽子，从不同角度审视问题。例如，戴上黑帽时，成员集中讨论现有设计的缺点；而戴上绿帽时，则专注于提出创新的解决方案。这种方法帮助团队全面考虑了设计的各个方面，促进了创新思维的发展。

（4）SCAMPER（奔驰法）。除了前文提到的头脑风暴、思维导图等方法，设计师还可以运用其他创新思维方法来激发创意。比如 SCAMPER 是一种非常有效的创意发散工具，它鼓励设计师系统地对现有概念进行改造和演化，以发现新的可能性。

SCAMPER 是由美国心理学家罗伯特·艾伯尔（Robert Eberle）提出的一种创意激发工具，包括以下七个步骤：

① 替代（Substitute），用其他材料、部件或流程来替代现有的。

② 结合（Combine），将两个或多个部件、元素或想法进行整合。

③ 调整（Adapt），改变功能、用途或属性，使其适应新情况。

④ 修改（Modify），增加、放大或减小某些特征。

⑤ 放大（Put to other uses），找到新的用途或应用领域。

⑥ 缩小（Eliminate），去掉某些部分或功能。

⑦ 重新排序（Rearrange），颠倒、倒置或重新排列部件。

通过 SCAMPER 这种具体的创意发散工具，设计师可以更有针对性地探索新创意，不断推动概念的升级与革新。例如，在设计一款新型电动牙刷时，设计师可以尝试“替代”传统电池为可充电电池，“结合”牙刷和漱口杯的功能，“调整”握柄的造型使其更符合人体工程学，等等。这样的创意发散有助于设计师跳出固有思维定式，更广泛地发掘创新机会。

3.2.2　创意收敛

创意收敛是指通过对在创意发散阶段产生的想法进行评估、筛选和优化，缩小选择范围，集中精力发展最有潜力的想法。这一阶段要求设计师从广泛的思维中抽离出来，基于特定的标准和目标，对想法进行深入分析和选择。创意收敛是设计思维中的一个关键环节，它紧随创意发散之后。

1．创意收敛的重要性

创意收敛对于将广泛的想法转化为实际的解决方案至关重要。它帮助设计师集中精力，选择最有潜力的想法，并对其进行进一步的开发和完善。

2．创意收敛的特点

（1）选择性。在收敛阶段，设计师需要对想法进行筛选，选择那些最符合项目目标和用户需求的点子。

（2）分析性。评估每个想法的可行性、成本效益和潜在影响。

（3）决策性。做出决策，确定哪些想法值得进行进一步的原型制作和测试。

（4）精炼性。对选定的想法进行细化和完善，以提高其实用性和吸引力。

3. 创意收敛的方法

（1）投票和优先级排序。设计师团队成员对想法进行投票，根据得票多少来确定哪些想法应该优先考虑。

（2）SWOT 分析。评估每个想法的优势、劣势、机会和风险，以确定其综合潜力。

（3）多标准决策矩阵。根据一系列标准（如创新性、可行性、成本等）对想法进行评分和排序。

（4）专家咨询。向行业专家或用户群体寻求反馈，以评估想法的实用性和吸引力。

案例分析

社区可持续发展项目

在一个社区可持续发展项目中，团队在创意发散阶段生成了数十个想法，包括建设社区花园、开设环保工作坊、开发本地能源共享系统等。在创意收敛阶段，团队使用了以下方法：

（1）投票和优先级排列。所有团队成员对每个想法进行投票，以确定最受欢迎的几个点子。

（2）SWOT 分析。对每个得票多的想法进行 SWOT 分析，评估其长期可行性和对社区的潜在影响。

（3）多标准决策矩阵。使用多标准决策矩阵来比较不同想法，并根据创新性、成本、用户影响等标准进行评分。

（4）专家咨询。向城市规划专家和社区领袖咨询，获取他们对选定想法的看法和建议。

通过这一过程，团队最终决定专注于建设社区花园和开发本地能源共享系统，因为这两个想法在投票和分析中得分最高，并且得到了专家的积极反馈。团队随后制订了详细的实施计划，并开始着手将这些想法转化为现实。

3.3 设计方法论

3.3.1 用户中心设计

丹·塞弗（Dan Saffer）的著作《交互设计指南》（*Designing for Interaction*）是交互

设计领域的经典之作，为设计师提供了宝贵的指导和灵感。丹·塞弗是一位在交互设计领域有着丰富经验的设计师和作家，他提出了四种交互设计方法，包括用户中心设计（User-Centered Design，UCD）、活动中心设计（Activity-Centered Design，ACD）、系统设计（System Design，SD）和天才设计（Genius Design，GD）。其中，用户中心设计方法应用最广泛。

1. 用户中心设计的定义

用户中心设计是一种设计理念和方法论，它将用户的需求、偏好和行为作为产品设计和开发的核心。该设计方法起源于第二次世界大战后的工业设计和人机工程学的发展，其核心理念是人本主义。人机工程学的奠基者和创始人亨利·德雷夫斯（Henry Dreyfuss）在1955年出版的《为人的设计》（*Designing for People*）一书中首次阐述了UCD的概念，他主张设计应以人的适应性为出发点，而非让人去适应产品，因为“用户最了解自己的需求和偏好，设计师的任务是发现并满足这些需求”。这种以用户为中心的设计方法让人们认识到，成功的产品设计必须基于对用户深刻而全面的理解。UCD确保在设计决策过程中，用户的声音和需求得到优先考虑。

UCD的关键要素包括：将用户需求放在首位；理解用户的目标和任务；确定完成任务的方法；通过用户反馈和观察来验证设计模型；鼓励用户参与设计的各个阶段。

UCD可以从以下三个维度来理解：设计理念，即设计师应以用户需求为核心，避免以自己的视角代替用户；设计方法，即采用有效的方法来识别用户需求，并据此设定设计目标；设计过程，即尽可能让用户参与设计，以便发现并解决设计中的问题。

UCD广泛应用于网页和软件设计，通过深入理解用户需求来指导设计，有助于提高产品的易用性，降低用户的学习成本，增强产品的吸引力，并最终满足用户使用和体验的需求。

值得注意的是，UCD方法的实施应基于用户对产品的了解。如果用户对产品缺乏足够的了解，单纯依赖用户反馈可能会导致产品视野的局限。因此，在产品开发的早期阶段，不一定需要完全采用UCD方法，而是可以在产品原型或样机完成后，再邀请用户参与评估和反馈。在之前提到的UCD、ACD、SD和GD四种设计方法中，UCD方法因其广泛的应用和认可度而脱颖而出，特别是在与人机交互系统相关的产品设计中。下面重点介绍UCD相关的国际标准及其应用。

2. ISO标准概述

ISO 13407是国际标准化组织（ISO）在1999年发布的标准，全称为“Human-centred design processes for interactive systems”（以人为中心的交互系统设计过程）。2003年3月，国家质量监督局将此标准纳入国家标准GB/T 18976—2003/ISO 13407：1999。

该标准详细阐述了在交互式计算机产品的生命周期中，如何进行以用户为中心的设计和开发，包括总原则、关键活动，以及如何评估和认证产品开发过程中用户中心方法的应用。

ISO 13407 标准认为，以用户为中心的设计方法应具备以下特征：

（1）用户的积极参与和对用户及其任务要求的清晰理解，包括：用户参与的程度根据设计活动的性质而异；在定制产品开发中，用户可以直接参与开发过程，并对设计方案进行评估；在通用产品或消费品开发中，用户或其代表应参与测试并提供反馈。

（2）在用户和系统之间合理分配功能，包括：明确哪些功能由用户完成，哪些由系统完成；用户代表参与决策，基于多种因素（如可靠性、速度、准确性等）确定任务的自动化程度。

（3）迭代设计方案，即初始设计方案应在实际环境中进行测试，并将测试结果反馈到解决方案的持续改进中。

（4）多学科团队设计，即将多学科团队纳入以用户为中心的设计过程中，团队可以是小规模和动态的，存在于项目执行的整个过程中。团队成员可能包括：最终用户；购买者和用户管理者；应用领域专家和业务分析人员；系统分析员、系统工程师和程序员；市场营销人员和销售人员；用户界面设计人员和平面设计师；人类工效学专家、人机交互专家；技术文档编写人员、培训人员和支持人员。

这些特征共同构成了以用户为中心的设计方法的核心，旨在确保设计过程紧密围绕用户的需求和体验进行。

ISO 9241－210：2010 是 2010 年 3 月 ISO 大会以全票通过的新一代人机交互设计国际标准，用来取代制定近 10 年的 ISO 13407：1999 标准。ISO 9241－210：2010 相较于 ISO 13407：1999 的改进主要包括以下几点：强调在整个设计过程中迭代的作用；澄清了以人为中心设计思想；强调以人为中心设计思想可以在整个系统周期里使用；解释了必要的设计行为要素；将 ISO 13407：1999 里很多推荐的选项改为必备条件。

2019 年，国际标准化组织发布了最新版本的 ISO 9241－210：2019。其全称是："Ergonomics of human-system interaction-Part 210：Human-centred design for interactive systems"（人机交互工效学第 210 部分：交互系统的以人为本设计）。

ISO 9241－210：2019 在 2010 版的基础上，进一步细化了以人为本设计的六大原则：

用户参与，更加强调用户在设计过程中的参与和反馈。

迭代设计，明确设计过程应是一个迭代循环，不断优化用户体验。

多学科协作，强调设计团队应包含多学科背景的成员，以确保设计的全面性。

系统视角，要求设计不仅关注单一组件，还要考虑整个系统的交互性。

用户需求优先，更加强调用户需求和体验在设计中的核心地位。

评估与验证，增加了对设计结果的评估和验证要求，确保设计符合用户需求。

ISO 9241－210 提供了基于计算机的交互系统整个生命周期中以人为本的设计原则和活动的要求和建议。它旨在供管理设计流程的人员使用，并关注交互式系统的硬件和软件组件增强人机交互的方式。ISO 9241－210 标准的阅读对象不仅仅局限于专业用户体验/交互设计师，还有其他以产品为中心所涉及的从项目市场销售到项目后勤中跟用户体验打交道的所有相关人员，尤其是设计整个交互产品甚至整个交互路线规划的管理人员。

ISO 9241－210 的指导目的主要在于为整个人机交互系统设计流程，同时提供了必选和推荐的以人为中心设计思想的流程框架。其初始对象是那些能管理规划整个设计流程并关注如何应用软硬件来增强人机交互效果的专业设计人员。

3. 用户中心设计的过程

以用户为中心设计项目活动包括四个基本过程。

（1）需求采集（Requirements Gathering），了解并规定使用背景。

（2）需求细则（Requirements Specification），规定用户和组织要求。

（3）设计（Design），提出设计方案，制作原型。

（4）评价（Evaluation），根据用户的评价准则评价设计。

4. 用户中心设计的方法

（1）参与式设计。用户参与设计的各个阶段，提供直接的输入和反馈，确保设计真正满足用户需求。

（2）情境分析。研究用户在自然使用环境中的行为和需求，以确保设计解决方案与用户的实际使用情境相符。

（3）可用性测试。评估产品或服务的易用性，确保它们满足用户的实际使用需求，提高用户满意度。

（4）体验映射。绘制用户与产品交互的全过程，识别体验中的痛点和改进点，为设计优化提供依据。

（5）焦点小组。组织具有代表性的用户进行讨论，收集他们对产品或服务的看法和建议。这种方法可以快速获取用户群体的意见和态度，帮助设计师了解用户需求和偏好。

（6）卡片分类。一种用户研究技术，让用户对一系列卡片（通常包含产品特性或内容项）进行分类和标记，以了解用户如何理解和组织信息，从而优化信息架构和导航设计。

（7）问卷。通过设计问卷来收集大量用户的数据和意见。这种方法可以量化用户的需求和偏好，为设计决策提供统计依据。

（8）访谈。与个别用户进行深入的对话，了解他们的需求、动机、态度和体验。访谈可以是非结构化的，也可以是结构化的，有助于获得更深入的用户见解。

3.3.2 敏捷设计

1. 敏捷设计的定义

敏捷设计（Agile Design）是一种以迭代、增量的方式进行产品设计和开发的方法。

它借鉴了软件开发中的敏捷方法论，强调在整个设计过程中与用户紧密合作，以及快速响应变化的能力。敏捷设计的代表性学者是艾伦·库珀，他被誉为“Visual Basic 之父”，其著作《交互设计精髓》（*About Face: The Essentials of Interaction Design*）深刻阐述了用户界面设计的敏捷实践。

2. 敏捷设计的特点

（1）提高适应性。快速适应用户需求和市场条件的变化。

（2）加强团队协作。跨功能团队紧密合作，提升设计效率。

（3）促进快速迭代。通过短周期的迭代，不断改进产品。

（4）降低风险。早期和持续的用户反馈有助于减少设计失误。

3. 敏捷设计的过程

（1）快速启动。快速定义产品愿景和用户故事，开始初步设计。

（2）迭代开发。通过一系列的短迭代周期，逐步构建和完善产品。

（3）用户故事。以用户故事来捕捉用户需求，指导设计和开发。

（4）持续交付。确保每个迭代周期结束时都有可交付的成果。

（5）反馈循环。收集用户和利益相关者的反馈，指导后续迭代。

4. 敏捷设计的方法

（1）冲刺计划。在每个迭代周期开始时，规划该周期（冲刺）的目标和任务。

（2）每日站立会议。团队成员每天汇报进度，解决问题，保持透明度。

（3）回顾和调整。在每个迭代周期结束时，回顾成果，调整方法。

3.3.3 精益设计

1. 精益设计的定义

精益设计（Lean Design）是一种注重消除浪费、提高效率的设计理念，源自精益生产和精益创业的概念。它强调以最少的资源创造出最有价值的产品。精益设计的代表性学者是埃里克·莱斯（Eric Ries），他的著作《精益创业》（*The Lean Startup*）为精益设计在产品设计领域的应用提供了理论基础。

2. 精益设计的重要性

（1）提高效率。通过消除不必要的步骤和活动，提高设计过程的效率。

（2）强化价值创造。专注于创造用户真正重视的价值。

（3）降低成本。减少浪费，降低设计和开发的成本。

（4）加速学习。快速实验和学习，以更低的成本验证假设。

3. 精益设计的过程

（1）定义价值。明确用户认为有价值的产品特性和功能。

（2）映射流程。识别并优化产品开发的关键流程。

（3）创建最小可行产品（Minimum Variable Product，MVP）。开发具有基本功能的产品原型，用于测试市场。

（4）持续学习。通过用户反馈和市场数据，不断学习和改进。

（5）快速迭代。基于学习成果快速进行产品迭代。

4. **精益设计的方法**

（1）价值流图。分析和优化产品开发的价值流。

（2）假设验证。明确假设，并通过实验进行验证。

（3）数据驱动决策。使用数据和度量指标来指导设计决策。

（4）减少浪费。识别并消除设计过程中的非增值活动。

3.3.4 其他设计方法论概览

除了前述的用户中心设计、敏捷设计和精益设计等主流方法论，交互设计领域也涌现了一些新兴的设计方法和方法论，体现了该领域不断创新和发展的动力。这些新兴方法和方法论为设计实践提供了更加丰富和前沿的工具，值得我们进一步了解和探索。

设计冲刺（Design Sprint）是一种备受关注的新兴设计方法论。它起源于 Google Ventures 公司，由设计师杰克·纳普（Jake Knapp）等人提出和推广。设计冲刺聚焦于在短时间内（通常一周）完成从问题定义到原型测试的全过程，为设计师提供一种快速、高效的创新实践。

在设计冲刺中，设计师会在短期内深入了解用户需求、激发创意、制作可测试的原型，并最终获得关于概念可行性的用户反馈。这种快速迭代的方法论非常适合初创公司或需要快速验证想法的项目，可以帮助设计师在有限的资源条件下，尽快确定最佳的设计方向。设计冲刺已经在谷歌、爱彼迎、优步等科技公司广泛应用，并被证明是一种行之有效的创新实践。

活动中心设计（Activity-Centered Design）是一种以用户行为和活动为核心来驱动设计的方法论。它认识到用户的行为是由其日常生活的具体活动所决定的。在活动中心设计中，设计师通过观察和分析用户在自然环境中的行为模式来识别用户的需求和挑战。这种方法论强调设计应支持用户完成其活动，提高效率和满意度。例如，设计一款新的厨房设备时，活动中心设计会要求设计师观察用户在厨房中的实际烹饪活动，从而发现用户的真实需求和痛点。

系统设计（System Design）是一种交互设计方法，它关注整个系统的行为和组件之间的交互。这种方法强调整体性、组件间的协作、反馈循环、适应性、模块化和可持续性。系统设计适用于复杂的产品或服务，如操作系统和大型软件应用，旨在确保系统组件的协同工作，提供一致和有效的用户体验。

天才设计（Geniuses Design）是一种相对较新的概念，它着重于设计出能够激发用户的内在创造力和解决问题能力的产品。这种方法论认为，用户在使用产品的过程中，应该能够发挥自己的聪明才智，找到解决问题的新方法。设计师的任务是提供能够促进用户自我探索和创新的环境。

体验设计（Experience Design）关注用户与产品或服务交互时的整体体验。这包括用户的感官感受、情感反应以及行为过程。设计师在体验设计中致力于创造有意义、愉悦和有吸引力的体验。这可能涉及视觉美学、声音设计、触觉反馈以及用户旅程中的每一个环节。例如，一家主题公园的设计团队可能会使用体验设计方法来确保游客从入园到离开的每一步都能享受到精心策划的娱乐体验。

说服性设计（Persuasive Design）旨在通过设计影响用户的行为和态度。这种设计方法论常用于健康、教育和环保等领域，目的是鼓励用户采取积极的行动。设计师使用各种心理学原理和设计策略来引导用户做出特定的选择。例如，在设计一款健康应用程序时，设计师可能会采用说服性设计，通过设定目标、奖励和提醒来鼓励用户坚持运动和健康饮食。

情境设计（Contextual Design）强调在用户的实际使用环境中进行设计，以确保解决方案的实用性和相关性。设计师通过深入用户的环境，观察并记录用户的行为和需求，然后将这些洞察转化为设计。这种方法有助于揭示用户在特定情境下的真实需求，从而设计出更加贴合用户需求的产品。例如，办公家具公司可能会使用情境设计方法来观察不同办公室的工作环境，从而设计出更符合用户实际工作习惯的家具。

此外，设计思考（Design Thinking）也是近年来备受关注的一种设计方法。它强调以用户为中心，通过同理心、创造力和实验精神来解决复杂问题。设计思考的核心在于设计师要深入了解用户需求，激发创新思维，并在快速迭代中不断完善解决方案。这种方法广泛应用于各行各业的创新实践中，如 IDEO 公司著名的“design thinking for educators”（“教育工作者的设计思维”）项目，就是将设计思考应用于教育领域的成功案例。

这些新兴的设计方法和方法论，不仅丰富了交互设计实践的工具箱，也推动了该领域向用户导向、快速迭代的方向发展。设计师可以根据项目的具体需求和特点，灵活选择和结合不同的方法，以实现最佳的设计方案。设计师需要保持学习的心态，了解并灵活应用这些新兴方法和方法论，以适应不断出现的设计挑战。

3.4　交互设计流程

构建清晰、高效的设计流程是确保交互设计项目成功的关键所在。通过定义各个阶段的目标和方法，设计流程不仅能够帮助团队成员明确角色和责任，也能确保设计活动的有效性和连贯性。

在构建交互设计流程的过程中，设计师可以运用多种工具和技巧来辅助流程的可视化和管理。例如，流程图能够直观地展现设计活动的先后顺序和逻辑关系，看板则可以帮助设计师实时跟踪任务的进度和状态，而用户旅程图则聚焦于描述用户与产品或服务的全面交互过程。

通过应用这些工具，设计师可以更好地规划和执行设计工作。同时，灵活的迭代周期及定期的评审和反馈机制，能确保设计方案不断优化，最终满足用户需求。

3.4.1 软件开发模型

交互设计流程提出系统化的方法，用于指导设计师从问题定义到最终解决方案确定的整个设计过程。在这个过程中，设计师要用到各种软件开发模型。软件开发模型，即软件开发所经历的各个阶段，它有很多种，如瀑布模型、迭代模型、双钻模型、V 模型、W 模型、H 模型、螺旋模型、增量模型、敏捷模型等。这些重要的软件开发模型为我们构建交互设计流程提供了理论基础和实践指导。

1. 瀑布模型

瀑布模型是最早被广泛应用的软件开发模型之一。它将开发过程划分为明确的阶段，每个阶段必须在前一个阶段完成后才能开始。典型的瀑布模型包括需求分析、设计、实现和测试等阶段（图 3-1）。瀑布模型结构清晰，易于管理，每个阶段有明确的里程碑和可交付成果，但缺乏灵活性，难以应对需求变化，且用户反馈被推迟到后期，可能导致重大修改。

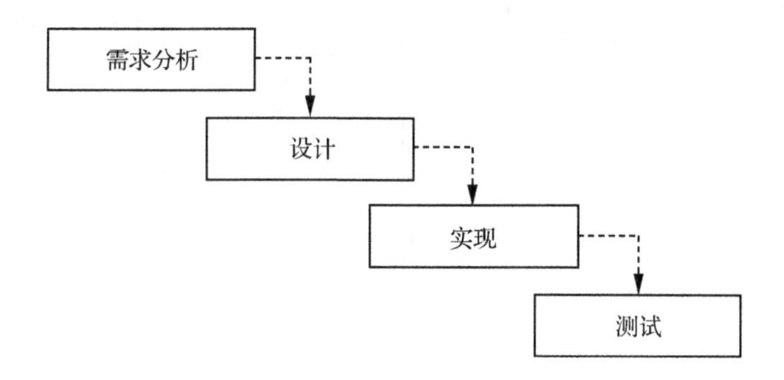

图 3-1 瀑布模型

2. 迭代模型

迭代模型将开发过程分为多个小周期或迭代。每次迭代都包括需求分析、设计、实现和测试等阶段，并产生一个可工作的产品版本（图 3-2）。优点在于比较灵活，能够及时响应需求变化，允许持续的用户反馈和改进。缺点则在于管理复杂度增加，可能导致范围蔓延。

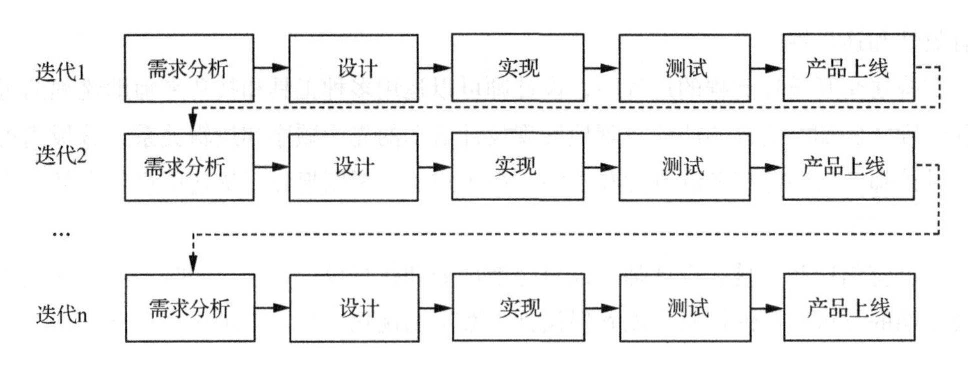

图 3-2　迭代模型

3. 双钻模型

双钻模型是英国设计委员会（Design Council）提出的一种设计思维模型。作为一种非常重要的设计模型，它将设计过程分为两个“钻石”：问题空间和解决方案空间。每个“钻石”都包含发散和收敛两个阶段。双钻模型强调问题定义和解决方案探索的平衡，鼓励创新思维和系统化的设计过程（图 3-3）。

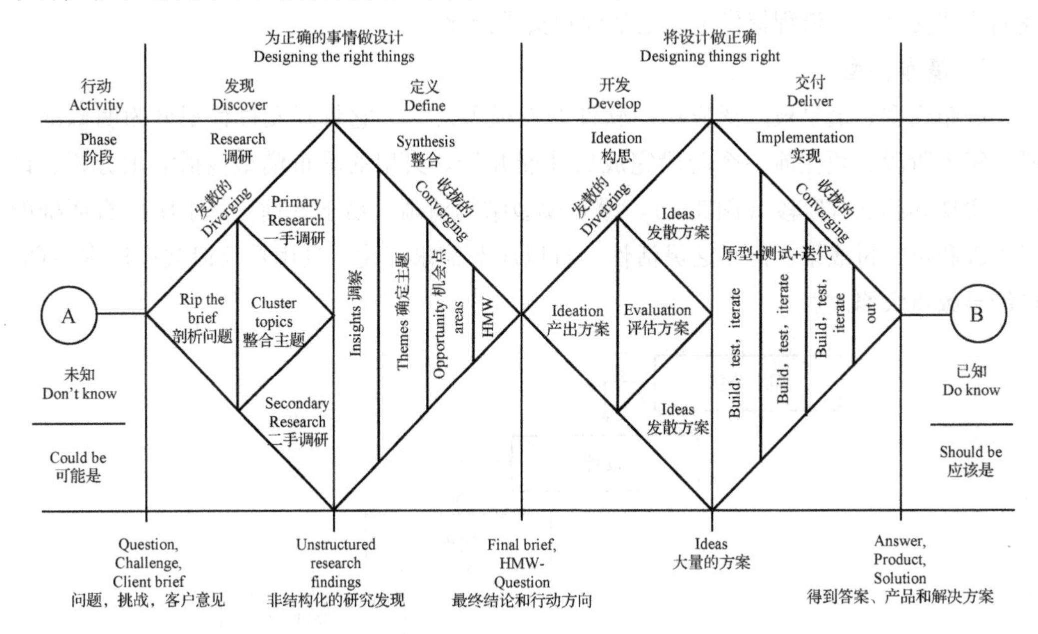

图 3-3　双钻模型创新设计方法

（图片来源：https://www.designcouncil.org.uk/news-opinion/design-process-what-double-diamond；https://m.yuyanmcn.com/h-nd-831.html）

第一个“钻石”：发现和定义。

发散：广泛收集信息和洞察。

收敛：明确问题定义。

第二个“钻石”：开发和交付。

发散：探索多种可能的解决方案。

收敛：选择和实施最佳方案。

3.4.2　交互设计流程的十个关键阶段

交互设计的软件开发模型能让我们从不同的视角来看待设计和开发过程。在实际的交互设计中，我们可以结合这些模型的优点，融入设计思维的理念，构建一个更加全面和有效的交互设计流程，流程包括十个关键阶段（图 3-4）。

（1）研究与发现。深入了解用户需求和市场趋势，为设计提供坚实的基础。

（2）问题定义。明确设计挑战，确立项目目标和设计原则。

（3）创意发散。激发团队创造力，生成各种可能的解决方案。

（4）用户画像与场景构建。创建代表性用户角色和使用情境。

（5）概念开发。将创意转化为具体的设计概念。

（6）原型制作。从低保真到高保真，逐步完善可交互的原型。

（7）用户测试。通过实际的用户反馈，评估设计方案的有效性。

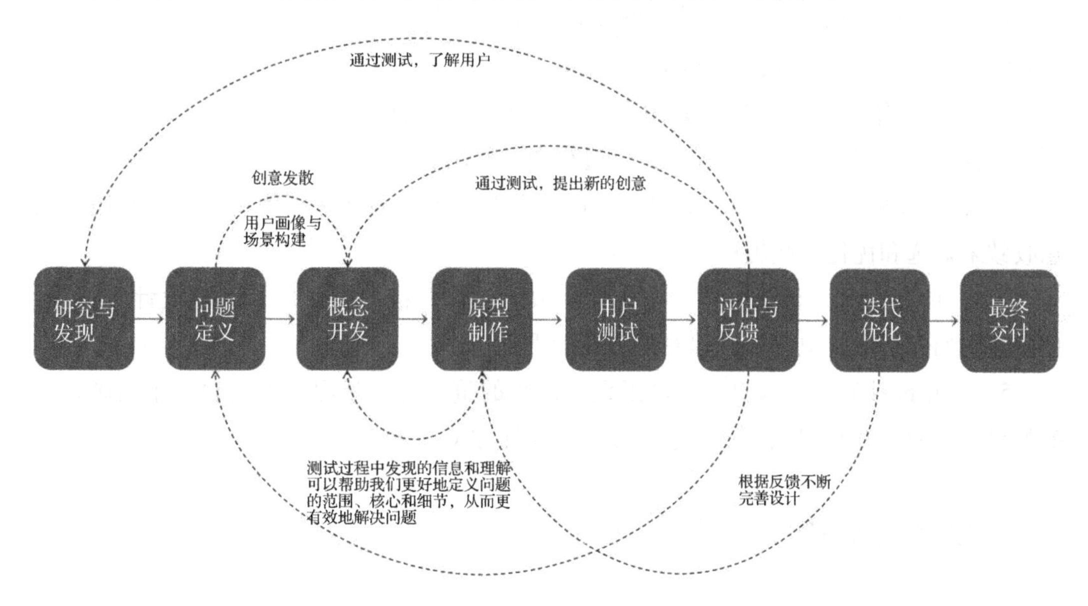

图 3-4　交互设计流程的十个关键阶段

（8）评估与反馈。分析测试结果，确定改进方向。

（9）迭代优化。根据反馈不断完善设计。

（10）最终交付。整合所有成果，准备将设计移交给开发团队。

这个设计流程融合了瀑布模型的结构化思维、迭代模型的灵活性以及双钻模型的创新性思考。它强调了用户研究、问题定义、创意探索和持续优化的重要性，同时也保留了足够的灵活性，能够适应不同项目的需求。

在实际应用中，设计师可以根据项目的具体情况对这个流程进行调整和优化。例如，对于一些需要快速原型的项目，可以压缩某些阶段或合并类似的步骤；而对于复杂的大型项目，则可能需要在某些关键阶段增加更多的细节和子步骤。

重要的是，无论采用何种具体的设计流程，设计师都应该始终保持以用户为中心的设计理念，重视持续的用户反馈和迭代优化，并在整个过程中保持开放和创新的思维。只有这样，才能确保最终的设计成果能够真正满足用户需求，并在市场中取得成功。

本章小结

在本章中，我们深入探讨了设计思维与方法在交互设计中的重要性和应用。我们学习了设计思维的定义、核心阶段以及它如何促进创新和解决问题。以下是本章的核心知识点概述。

1. 设计思维的定义。理解设计思维如何以人为中心，通过同理心、创造性和实用性的结合来探索问题并寻找创新的解决方案。

2. 设计思维的核心阶段。介绍了设计思维的五个阶段——同理心、定义、创意、原型和测试，并探讨了每个阶段在设计过程中的作用。

3. 创意发散和创意收敛。如何通过创意发散来生成多样化的解决方案，并通过创意收敛来筛选和优化这些想法。

4. 设计方法论。涵盖用户中心设计、敏捷设计、精益设计以及其他设计方法论，理解它们如何帮助组织设计过程并提高设计质量。

5. 交互设计流程的构建。讨论了设计流程的重要性，学习如何构建一个清晰、高效的设计流程，并在实践中不断迭代和完善设计方案。

思考与应用

1. 如何在一个实际的设计项目中应用设计思维的五个阶段，确保解决方案能够满足用户的需求和期望？

2. 在设计团队中如何平衡创意发散的自由性与创意收敛的决策性，在促进创新的同时保持项目方向？

3. 面对不同的设计挑战，如何选择合适的设计方法论，并将其融入设计流程？

第4章

交互设计原则

学习目标

- 掌握可用性与用户体验的定义及其在设计中的重要性。
- 应用界面设计原则，提升产品或服务的用户界面质量。
- 识别交互设计模式，解决设计问题，创造创新且实用的体验。
- 评估并提升现有产品的可用性和用户体验。
- 结合用户研究，应用设计原则和模式，创造以用户为中心的解决方案。

交互设计的核心在于构建用户与产品之间的桥梁，通过一系列基本原则指导设计过程，确保创造出既美观又实用的用户体验。本章将深入探讨交互设计的基本原则，从可用性与用户体验的多维度概念，到界面设计原则，再到交互设计模式的运用，为设计师提供一套全面的指导工具。通过对这些原则的理解和应用，设计师能够在创造过程中做出明智的决策，提升产品或服务的用户界面质量，确保最终产品不仅满足用户的实际需求，而且提供愉悦的交互体验。

4.1　可用性与用户体验

可用性与用户体验是产品成功与否的直接指标，影响着用户对产品的第一印象和是否持续使用的决定。本节将深入探讨这两个概念，揭示它们如何成为设计过程中不可或缺的组成部分。

4.1.1　可用性

可用性是交互设计的基础。在交互设计过程中，设计师通过理解用户的需求和行为，创造出易于使用且达到用户目标的产品。可用性不仅关乎产品的操作效率，还涉及用户在使用过程中的感受和体验。具有良好可用性的产品能够促进用户与产品之间的正向互动，增强用户对产品的信任和依赖。

可用性描述了产品或服务在特定用户和环境条件下的易使用程度。可用性作为交互设计的核心概念，其理论基础源于认知心理学和人机交互学科。ISO 9241－11 定义可用性为用户在特定的使用环境下使用产品有效、高效和满意地达到特定目标的程度。著名用户体验专家雅各布·尼尔森在其著作《可用性工程》（*Usability Engineering*）中，提出了可用性传统上与可学性、效率、可记忆性、出错、满意度五个主要属性相联系的定义。这一定义强调，良好的可用性不仅要确保用户能够有效完成任务，还需要考虑用户在使用过程中的心理感受和认知负担。此外，卡内基梅隆大学的可用性定义则更加注重用户在使用产品时的效率、有效性和满意度。这突出了可用性是一个多维度的概念，需要平衡用户的任务完成能力、认知负荷和主观体验等因素。

总的来说，可用性理论为交互设计师提供了全面的指导，要求设计不仅要关注功能性，还要以用户的需求和体验为中心，让产品在使用上更加高效、更加令人愉悦。

4.1.2 用户体验

用户体验是交互设计中另一个至关重要的概念，它涵盖了用户在使用产品、系统或服务过程中的所有感受、态度和行为。用户体验不仅包括可用性，还扩展到了情感、心理和社会层面的互动。

1. 用户体验的定义

用户体验的概念源于心理学、人机交互学等学科，体现了人们对产品使用过程的全面感知。著名用户体验专家唐纳德·诺曼在其著作《设计心理学》中提出，用户体验是指用户与产品交互时所产生的所有感受、情绪和态度。这既包括功能性和可用性，也涉及用户的情感反应和认知过程。

ISO 9241－210 标准将用户体验定义为“人们对使用或期望使用的产品、系统或者服务的认知印象和回应”。

互联网知名的信息构架专家、Semantic Studios 总裁彼得·莫维尔（Peter Morville）曾经提到，他认为用户体验包含七个模块，可以用蜂窝模型来展现。模型中的内容包括：有用性，面对的用户需求是真实的；可用性，功能可以很好地满足用户需求；满意度，涉及情感设计的方面，如图形、品牌和形象等；可找到，用户能找到他们需求的东西；可获得，用户能够方便地完成操作，达到目的；可靠性，让用户产生信任；价值，产品要为投资人产生价值。

著名的用户研究专家《用户体验设计：讲故事的艺术》（*Storytelling for User Experience*：*Crafting Stories for Better Design*）的作者奎瑟贝利（Whitney Quesenbery）提

出了5E原则，认为用户体验包含五个方面：有效性，实际上可以等同于可用性或者有用性，就是这个产品能不能起到作用；效率，产品应该是能提高使用者的效率的；易学习，即学习成本低；容错，防止用户犯错，以及修复错误的能力；吸引力，从交互和视觉上让用户舒适并乐意使用。

此外，下面讲到的"用户体验的组成要素"里的五层模型受到广泛认可。这种分层方法比较全面，从策略层到视觉层非常清晰。通过这些描述我们不难看出，用户体验关注的是让产品友好地满足用户的需求，或者反过来说，是让用户通过产品满足需求时足够方便、舒适和快捷。

2. 用户体验的类型

（1）派恩提出的四种体验类型。约瑟夫·派恩（Joseph Pine）在其著作《体验经济》中提出，体验可以被分为四种类型：娱乐、教育、逃避和审美。这四种体验类型分别对应着不同的用户需求和体验目的。

① 娱乐体验，为用户提供消遣和享受，强调乐趣和愉悦感。

② 教育体验，注重知识的传递和学习过程，强调用户的参与和成长。

③ 逃避体验，允许用户暂时逃离现实，通过沉浸式体验获得心理上的释放。

④ 审美体验，强调对美的追求和欣赏，获得精神上的满足。

（2）施密特提出的五种体验层次。伯德·施密特（Bernd Schmitt）提出了五种体验层次，被称为战略体验模块，这些层次包括感官体验、情感体验、思考体验、行动体验和关联体验，它们共同构成了体验式营销的构架。

① 感官体验，通过视觉、听觉、触觉等感官刺激，创造知觉体验。

② 情感体验，触动用户的情感，如亲情、友情和爱情，提供情感上的联结。

③ 思考体验，激发用户的智力参与，提供解决问题的体验。

④ 行动体验，通过体验影响用户的行为，提供实践和参与的机会。

⑤ 关联体验，建立用户与品牌或社群之间的联系，形成认同感。

（3）诺曼提出的三个层次。唐纳德·诺曼在其著作《情感化设计》中提出了情感化设计的三个层次：本能层、行为层和反思层。本能层关注外观设计和感官体验；行为层关注产品的实用性和使用过程中的乐趣；反思层则涉及用户对产品的深入感受和思考，与个人认同和情感联系相关。

3. 用户体验的组成要素

在杰西·詹姆斯·加勒特（Jesse James Garrett）的《用户体验要素》（*The Elements of User Experience*）中，用户体验被描绘为一个多层次的结构，深刻影响着交互设计的每一方面。加勒特的模型从内到外依次为战略层（Strategy）、范围层（Scope）、结构层（Structure）、框架层（Skeleton）和表现层（Surface）。这五个层次不仅定义了用户体验的组成要素，也阐释了它们在设计过程中的相互关系和重要性（图4-1）。

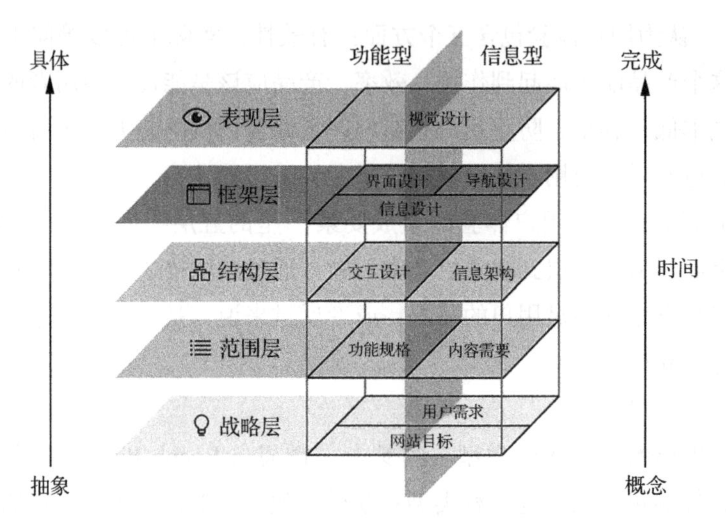

图 4-1　用户体验的五个要素

（资料来源：杰斯，詹姆斯，加瑞特. 用户体验要素：以用户为中心的产品设计［M］. 原书第 2 版. 北京：机械工业出版社，2011：29.）

战略层是模型的基础，它关注于产品目标和用户需求。在这里，业务目标与用户需求相结合，为整个用户体验设定方向。

范围层进一步明确了为实现这些目标和满足这些需求，产品需要包含哪些特性和功能。这一层确保了产品的功能与用户期望和业务目标保持一致。

结构层是关于用户如何与产品互动的蓝图，它涉及用户导航和产品流程，以确保用户能够高效地完成任务。

框架层则更进一步，关注具体的界面设计，包括布局、按钮、图片和文本的排列方式等，这些设计元素直接影响用户的操作体验。

表现层是用户直接接触的层面，它通过视觉设计、图形元素和内容呈现来吸引用户，为用户提供愉悦的感官体验。这一层不仅关乎美学，还关乎信息的清晰传达和用户的情感反应。

这一模型强调了用户体验的全面性，它不只限于产品的表面特性，而是涵盖了从用户需求的识别到最终感官体验的每一个环节。这种全面的方法对于交互设计至关重要，因为它确保了设计不仅有外观上的吸引力，而且在满足用户需求和提供价值方面同样有效。

通过深入理解加勒特的用户体验要素，设计师能够构建出既满足用户需求又具有吸引力的产品。这种以用户为中心的设计方法能够提高用户满意度和用户忠诚度，并最终推动产品的成功。用户体验的每一个要素都是构建高质量产品不可或缺的部分，它们共同构成了交互设计的核心。

4. 用户体验的目标

用户体验目标的提出，是为了确立交互设计评价的参照标准。普瑞斯提出的用户体验目标在指导设计师创建产品或服务的同时，确保了用户体验的全面性和深度。这些目标涵盖了十个方面：令人满意；令人愉悦；有趣；引人入胜；有益；激励；富有美感；支持创造力；有价值；情感上满足。

这些目标共同构成了一个全面的用户体验设计框架，帮助设计师创建出既满足功能需求，又能提供深刻情感体验的产品。

4.2 交互类型

在交互设计领域，“交互”是一个核心概念，它描述了用户与产品之间的互动方式。交互的分类方法多样，下面将介绍不同分类方法中每种交互类型特定的设计原则和用户行为模式。

4.2.1 直接交互与间接交互

直接交互是指用户通过直接操作界面元素来与产品进行交流的方式。例如，用户点击按钮、拖动元素或旋转图片等（表 4-1）。直接交互通常提供即时的反馈，增强用户的控制感。

表 4-1 常见的直接交互方式

交互方式	应用场景
点击（Tap）	选择菜单项、激活按钮功能
长按（Long Press）	激活上下文菜单、显示额外选项
双击（Double Tap）	缩放功能、快速访问特定设置
滑动（Swipe）	翻页、切换选项卡、清除条目
拖动（Drag）	重新排列项目、调整元素位置
捏合（Pinch）	放大和缩小图片或地图
展开（Spread）	缩小视图
旋转（Rotate）	旋转图片或界面元素
多击（Multi-Tap）	激活特定的快捷功能或选项
手势（Gesture）	包括但不限于上述行为，如“拍一拍”“摇一摇”等

间接交互是指用户通过非直接的方式与产品进行交流，如眼动交互、语音交互、脑电交互和面部表情交互。这种方式可以提供更自然的交互体验，但可能需要用户学习特定的命令或手势。

手势交互通常被视为直接交互，尽管在某些情况下，如使用虚拟现实控制器时，它也可以是间接的。华为将隔空手势引入手机操控中（图4-2），当开启隔空操作后，前置摄像模组会自动识别手势，并对手势操作进行同步，截屏、翻页阅读、播放音乐、浏览图片、接听电话等均能隔空操作（对应不同手势）。对于不方便直接上手的操作场景，手势交互是个不错的替代方案。

触觉交互可以是直接的，也可以是间接的，这取决于具体的应用场景和交互方式。它是指通过振动或压力反馈与用户交互，可以是直接的（如触摸屏幕时的振动反馈），也可以是间接的（如通过穿戴设备提供触觉反馈）。

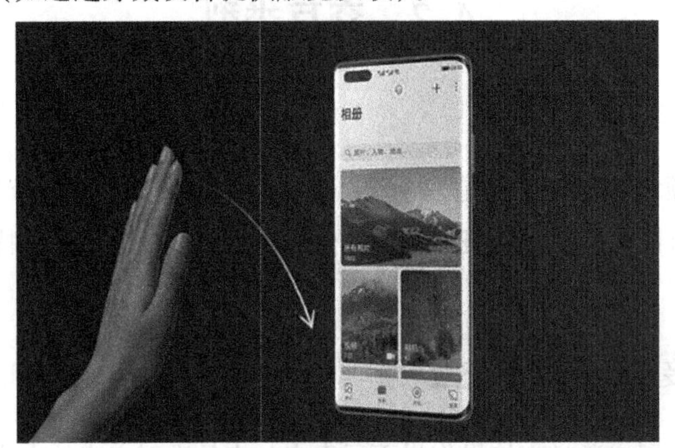

图4-2　隔空手势操作示意图

4.2.2　命令式交互与探索式交互

命令式交互是建立在用户明确知道他们想要执行的操作和结果基础上的。用户发出命令，系统执行相应的动作。这种交互方式常见于传统的桌面应用程序，用户通过菜单、工具栏等元素发出指令。

探索式交互则鼓励用户通过探索界面来发现功能和操作。这种方式常见于游戏和一些现代的应用程序，它们提供隐性提示来引导用户发现新功能。

4.2.3　静态交互与动态交互

静态交互涉及不随时间变化的界面元素。用户与这些元素的交互通常是一次性的，如填写一个表单或选择一个选项。

动态交互则涉及随时间变化的元素，如动画、过渡效果或实时数据更新。这种交互可以提高用户的参与度，但也需要精心设计以避免分散用户的注意力。

4.2.4　单模式交互与多模式交互

单模式交互是指用户通过单一的输入方式，如仅使用鼠标或键盘，与产品进行交互。

多模式交互则允许用户结合多种输入方式，如触摸、语音、手势等，以适应不同的使用场景和用户偏好。

4.2.5　有意识交互与无意识交互

有意识交互发生在用户明确意识到他们正在与产品交互时，如在进行一项任务或解决一个问题时。

无意识交互则是用户在不完全意识到的情况下与产品交互，这种交互通常是流畅且自然的，如滑动解锁手机或在社交媒体上无意识地滚动内容。

随着技术的发展，交互设计越来越注重适应性和个性化。系统能够根据用户的使用习惯、偏好设置或环境因素来调整交互方式，提供更加个性化的用户体验。

4.3　交互行为的设计原则与微交互设计

4.3.1　交互行为的设计原则

交互行为的设计原则是创建有效用户界面的关键。以下是一些核心原则，它们定义了用户如何与产品交互，并确保这些交互是直观和令人愉悦的。

1. **可见性**（Visibility）

可见性原则确保用户能够轻松识别可以进行的操作。通常，这通过使用明显的视觉提示，如按钮、链接或图标来实现。此外，渐进式揭示是一种保证可见性的技术，它只在用户需要时才展示更复杂的功能，从而避免界面显得杂乱无章。

2. **反馈**（Feedback）

反馈原则要求系统对用户的操作提供及时和清晰的响应。这不仅包括视觉或听觉上的反馈，如按钮点击的动画或声音，还包括进度指示器，让用户知道长时间的操作正在进行中。

3. **映射**（Mapping）

映射原则强调用户操作与系统响应之间的自然对应关系。设计应该符合用户的心智模型，如使用滑动手势来翻页。直观的手势操作可以让用户更自然地与界面元素交互。

4. **一致性**（Consistency）

一致性原则要求在整个产品中保持交互元素的一致性，无论是按钮的点击反应还是导航模式。遵循一致的设计规范，如 iOS 的 Human Interface Guidelines（人机界面指南），可以减少用户的学习成本。

5. **约束**（Constraints）

约束原则通过限制用户的操作来减少错误的发生。例如，禁用不可用的选项或在执行潜在危险操作前弹出确认对话框，要求用户确认。

6. **容错**（Error Tolerance）

容错原则允许用户轻松地撤销或修正错误。例如，提供一个“撤销”按钮或在执行关键操作前警告用户，从而降低用户因误操作而产生的挫败感。

以智能手机相机应用为例，我们来看其是如何设计核心功能的交互行为的（表4-2）。

表4-2　相机应用核心功能的交互行为

功能	可见性	反馈	映射	一致性	约束	容错
拍照功能	快门按钮放置在屏幕底部中央，使用醒目的圆形设计	点击快门时播放快门音效，并显示短暂的屏幕闪烁	使用物理相机的快门按钮隐喻	保持快门按钮在各种拍摄模式下的位置和外观一致	在对焦未完成时禁用快门按钮	允许用户快速删除刚拍摄的照片
缩放功能	在取景框中显示缩放级别指示器	实时预览缩放效果，显示当前缩放倍数	使用直观的捏合手势进行缩放	在所有支持缩放的场景中使用相同的手势	设置最大缩放限制，防止过度失真	允许用户快速恢复到默认缩放级别
模式切换	使用清晰的图标或文字标识不同模式	切换模式时提供视觉过渡效果	按照使用频率排列模式选项	保持模式切换控件的位置和交互方式一致	根据当前环境条件禁用不适用的模式	允许用户快速在最近使用的模式间切换

4.3.2　微交互设计

微交互是聚焦于完成单个任务或单个事件的产品元素，它们遍布于整个应用的各个角落，通过触发-反馈组的形式，使用户在完成某个单独任务时能够感受到流畅和愉悦。微交互的基本功能包括传达反馈、完成单独任务以及增强直接操纵感。

1. **微交互的设计原则**

在设计微交互时，应遵循以下原则：

（1）克制有度。控制动效的持续时间与出现频率，避免干扰用户操作。

（2）清晰聚焦。确保动效重点突出且符合逻辑。

（3）自然流畅。保证视觉的连续性，避免卡顿或闪烁。

2. **微交互的常见类型**

（1）点击效果。如小红书的点赞效果，提供即时反馈并增强用户体验。

（2）长按效果。允许用户通过长按来访问更多选项或功能。

（3）下拉刷新。通过动画或加载指示器提供内容更新的反馈。

（4）滚动查看。页面元素随滚动动作发生变化，增强视觉体验。

（5）滑动效果。通过滑动进行快速操作，如邮件的删除或收藏。

（6）系统加载。使用动画或指示器告知用户系统正在处理请求。

（7）错误反馈。以温和的方式提示用户输入错误或需要更正的信息。

（8）鼠标悬停效果。改变元素状态以反映可交互性。

微交互的设计工具可以参考第 6 章中动效设计的相关内容。微交互通过细节上的精心打磨，能够在不增加用户负担的同时，提供更丰富的用户体验。它是产品功能体验的重要补充，能够引导用户行为，提供即时反馈，并提升用户对产品的整体满意度。

4.4　经典交互设计原则

4.4.1　施耐德曼的交互设计八项黄金原则

本·施耐德曼（Ben Shneiderman）教授于 1986 年首次提出了交互设计的八项黄金原则。这些原则已成为交互设计领域的基石，为设计人机交互界面提供了重要指导。

1. 保持一致性（Strive for Consistency）

保持一致性是指在整个用户界面中保持一致的操作方式、术语使用、颜色方案和布局。一致性可以减少用户的认知负担，提高学习效率和使用舒适度。

应用示例：使用统一的按钮样式和位置；保持菜单结构的一致性；在不同页面间维持相同的导航逻辑。

2. 支持通用性（Seek Universal Usability）

支持通用性是指设计应考虑到不同技能水平和偏好的用户，包括新手和专家、年轻人和老年人、残障人士等。通用设计可以扩大产品的受众群体，提高产品的包容性。

应用示例：提供多种操作方式（如键盘快捷键和鼠标操作）；实现辅助功能（如屏幕阅读器支持）；设计可调节的字体大小和对比度。

3. 提供信息反馈（Offer Informative Feedback）

提供信息反馈是指对每个用户操作提供及时、清晰的反馈。及时的反馈可以让用户了解操作的结果，增强用户的控制感和信心。

应用示例：点击按钮时的视觉反馈；表单提交后的成功或错误消息；长时间操作时的进度指示器。

4. **设计对话结束**（Design Dialogs to Yield Closure）

设计对话结束是指操作序列应该有明确的开始、中间和结束。清晰的操作流程可以减少用户的不确定感，提供成就感。

应用示例：多步骤操作中的进度指示；完成任务后的确认信息；清晰的“退出”或“完成”选项。

5. **防止错误**（Prevent Errors）

防止错误是指设计界面时应尽量避免用户犯错，对于可能的错误提供预防机制。预防错误比纠正错误更有效，可以提高用户体验和效率。

应用示例：在关键操作前提供确认对话框；使用输入验证的方式防止格式错误；禁用不适用的选项或按钮。

6. **允许轻松撤销操作**（Permit Easy Reversal of Actions）

允许轻松撤销操作是指尽可能使操作可逆，让用户能够轻松撤销或更正操作。这种“后悔药”可以减少用户的焦虑，鼓励用户进行探索性学习。

应用示例：“撤销”和“重做”功能；编辑历史记录；文件版本控制。

7. **支持用户控制系统**（Keep Users in Control）

让用户成为行动的发起者。让用户感觉到他们完全控制了数字空间中发生的事件。当系统的行为像他们所期望的那样，就赢得了他们的信任。

应用示例：可自定义的界面布局；灵活的导航选项；允许用户设置个人偏好。

8. **减少短期记忆负担**（Reduce Short-Term Memory Load）

减少短期记忆负担是指设计界面时应考虑人类短期记忆的限制，避免要求用户记住过多信息。减少认知负担可以提高用户效率和满意度。

应用示例：使用清晰的标签和图标；提供搜索和筛选功能；在复杂任务中提供与上下文相关的帮助信息。

在实际设计中应用这些原则时，需要注意以下方面：

一是平衡和取舍。有时这些原则可能会相互冲突，需要根据具体情况进行权衡。

二是用户测试。通过用户测试验证这些原则的实际效果。

三是与时俱进。随着技术的发展，可能需要对这些原则进行现代化解读。

四是结合其他原则。将这些原则与其他设计理论和方法结合，如与 Nielsen 的可用性启发法结合使用。

施耐德曼的八项黄金原则为交互设计提供了坚实的理论基础。虽然这些原则最初是为桌面应用程序设计的，但是它们的核心思想仍然适用于当今的各种交互设计场景，包括移动应用设计、网页设计和新兴的交互场景设计。理解并恰当应用这些原则，可以帮助设计师创造出更加用户友好、高效和令人愉悦的交互体验。

4.4.2　诺曼的设计原则

唐纳德·诺曼在《设计心理学》中提出的八项设计原则对交互设计有重要意义。

1. **可见性**（Visibility）

可见性是指系统的状态和可用的操作应该是清晰可见的。良好的可见性可以帮助用户理解系统的当前状态，并知道下一步可以采取哪些行动。

应用示例：清晰标记的按钮和控件；状态指示器（如进度条、未读消息数）；明显的导航菜单。

2. **反馈**（Feedback）

反馈是指系统应该及时、清晰地向用户提供其操作的结果。良好的反馈可以让用户知道他们的操作是否成功，以及系统的当前状态。

应用示例：点击按钮时的视觉或声音反馈；操作完成后的确认信息；错误信息和操作建议。

3. **约束**（Constraint）

约束是指限制用户在特定情况下可以执行的操作，以防止错误发生。适当的约束可以引导用户做出正确的选择，减少错误。

应用示例：禁用不适用的选项或按钮；使用下拉菜单限制输入选项；在表单中使用输入验证。

4. **映射**（Mapping）

映射是指控件的布局和操作应该与其效果之间有自然的对应关系。良好的映射可以使界面更直观，减少用户的学习成本。

应用示例：音量控制滑块的上下方向对应音量的增减；地图应用中的缩放手势；汽车方向盘的转向与车轮转向的一致性。

5. **一致性**（Consistency）

一致性是指系统的设计应该在不同部分保持一致，并遵循平台或行业惯例。一致性可以减少用户的学习负担，提高操作效率。

应用示例：统一的按钮样式和位置；一致的术语和图标使用；遵循平台设计指南（如 iOS 或 Android 设计规范）。

6. **良好的心理模型**（Good Mental Model）

设计应该符合用户的心理模型，使其易于理解。

7. **错误容忍**（Tolerance for Error）

设计应该能够容忍用户的错误操作。

8. **提醒**（Reminding）

设计应该提供必要的提醒，帮助用户记住重要信息。

在实际设计中应用这些原则时，需要注意以下五点：

一是用户研究。深入了解目标用户，理解他们的需求、期望和行为模式。

二是迭代设计。通过反复测试和改进来优化设计，确保原则的有效应用。

三是平衡艺术。在美学和功能性之间找到平衡，确保设计既美观又易用。

四是跨平台考虑。在不同设备和平台上应用这些原则时，需要考虑各自的特点和限制。

五是与其他原则结合。将诺曼的这些原则与其他设计理论和方法（如启发式评估、用户故事）结合使用。

这些原则强调了以用户为中心的设计思想，旨在创造直观、高效且令人愉悦的用户体验。虽然这些原则最初是针对物理产品设计提出的，但它们同样适用于现代的数字产品设计。理解并恰当应用这些原则，可以帮助设计师创造出更加符合用户心智模型以及易于学习和使用的产品。

4.4.3 尼尔森的十条可用性原则

雅各布·尼尔森是用户体验和可用性领域的权威专家。他在 1994 年提出的十条可用性原则，也被称为“尼尔森启发法”，已成为评估用户界面设计的重要工具。这些原则为设计师提供了一个框架，用于创建直观、高效和用户友好的界面。

1. **系统状态可见性**（Visibility of System Status）

系统状态可见性是指系统应该始终让用户了解当前发生的情况，通过适当的反馈在合理的时间内进行。这有助于用户理解系统的当前状态，增加操作的可预测性。

应用示例：进度条显示文件上传进度；页面加载时的旋转图标；表单提交后的确认消息。

2. **系统与现实世界的匹配**（Match between System and the Real World）

系统与现实世界的匹配是指系统应该使用用户熟悉的语言、概念和惯例，而不是系统导向的术语。这可以减少用户的学习成本，让系统更容易理解和使用。

应用示例：使用“购物车”而不是“暂存项目列表”；在文字处理软件中使用剪刀图标表示剪切功能；使用日历界面进行日期选择。

3. **用户控制和自由**（User Control and Freedom）

用户控制和自由是指用户经常会误操作，需要一个明显的“紧急出口”来离开不想要的状态。这增加了用户的控制感，减少了操作失误带来的焦虑。

应用示例：“撤销”和“重做”功能；在多步骤过程中提供“返回”或“取消”选项；提供退出全屏模式的明显方式。

4. **一致性和标准**（Consistency and Standards）

一致性和标准是指用户不应该需要考虑不同的词、情况或行为是否表示相同的事物。一致性可以减少用户的认知负担，提高学习效率和操作速度。

应用示例：在整个应用中使用一致的颜色方案和图标；保持导航菜单在各个页面的位置一致；遵循平台设计规范（如 iOS 人机界面指南）。

5. **错误预防**（Error Prevention）

比好的错误提示更重要的是，用细致的设计防止问题发生。错误预防可以提高用户效率，减少用户的挫折感。

应用示例：在关键操作前提供确认对话框；使用输入验证的方式防止格式错误；自动保存功能以防止数据丢失。

6. **识别而非回忆**（Recognition Rather than Recall）

识别而非回忆是指通过使对象、操作和选项可见来最小化用户的记忆负担。这可以减少用户的认知负荷，提高操作效率。

应用示例：使用下拉菜单而不是要求用户记住并输入选项；在长表单中显示之前输入的信息；使用自动填充功能辅助搜索。

7. **灵活性和使用效率**（Flexibility and Efficiency of Use）

加速器对专家用户可能是不可见的，可以让系统适应频繁用户和新手用户。这可以提高不同水平用户的操作效率和满意度。

应用示例：提供键盘快捷键；允许用户自定义常用功能；为高级用户提供宏或脚本功能。

8. **美观和简约设计**（Aesthetic and Minimalist Design）

对话不应包含无关或很少需要的信息。简约设计可以提高关键信息的可见性，减少用户的认知负担。

应用示例：使用简洁的界面设计，避免视觉杂乱；将不常用的功能放在二级菜单中；使用适当的留白来增强可读性。

9. **帮助用户识别、诊断和恢复错误**（Help Users Recognize，Diagnose，and Recover from Errors）

错误信息应该用简单的语言表达，准确指出问题，并给出建设性的解决方案。这可以帮助用户理解问题并快速恢复，减少挫折感。

应用示例：提供清晰、具体的错误信息；在表单中即时显示输入错误和纠正建议；提供问题解决的步骤或链接到帮助资源。

10. **帮助文档**（Help Documentation）

尽管最好的系统无须帮助文档也能使用，但适当的帮助文档可以辅助用户更好、更快地理解和使用系统。

应用示例：提供容易搜索的帮助中心；使用上下文相关的帮助信息；提供简洁的新手引导或教程。

在实际设计中应用这些原则时，需要注意以下四个方面：

一是平衡和权衡。有时这些原则可能会相互冲突，需要根据具体情况进行权衡。

二是用户测试。通过用户测试来验证这些原则的实际效果。

三是迭代优化。持续收集用户反馈，不断改进设计。

四是结合其他方法。将这些原则与其他设计方法和工具，如用户画像、任务分析等，结合使用。

尼尔森的十条可用性原则为创造高质量用户界面提供了宝贵的指导。这些原则涵盖了从系统反馈到错误处理，从设计美学到帮助文档等用户体验的多个方面。虽然这些原则最初是为评估界面设计而提出的，但它们同样适用于指导设计过程。理解并恰当应用这些原则，可以帮助设计师创造出更加直观、高效和令用户满意的产品。

4.4.4 各大科技公司的设计原则

在数字产品设计领域，Google、Apple、Microsoft 和华为等科技巨头制定的设计原则和指南对整个行业产生了深远的影响。这些公司不仅为自己的产品制定了设计标准，也为其他开发者提供了参考。了解这些设计原则对于理解现代交互设计的趋势和最佳实践至关重要。

1. Google 的 Material Design

（1）核心原则，Material Design 的核心原则建立在对物理世界直观理解的基础上，同时融合了现代数字技术的可能性。

① 实体感与隐喻。设计元素基于纸张和墨水的隐喻，但增强了数字世界的灵活性。界面元素有如真实物体般具有表面、边缘和阴影，帮助用户直观理解交互方式。

② 有意义的动效。动画不仅仅是装饰，而是传达信息的重要手段。每个动作都有明确目的，如何从 A 点转换到 B 点同样重要，过渡动效能引导用户注意力并强化操作的连续性。

③ 层级与深度。通过光影和空间关系创建清晰的层次结构，帮助用户理解界面元素之间的关系和重要程度。

（2）主要特点。Material Design 具备多项独特特点，这些特点共同构成了一个全面且系统化的设计语言。

① 响应式网格布局。Material Design 采用基于 8dp 单位的网格系统，确保内容在不同屏幕尺寸和设备上保持一致性与协调性，同时提供灵活的适配能力。

② 分层的视觉体系。通过精确定义的表面高度、光影效果和层级关系，创建具有空间感的界面，使用户能直观理解元素间的层级关系和交互优先级。

③ 有意义的动画过渡。每一个动效都具有明确目的，帮助用户理解状态变化，引导注意力并提供即时反馈，确保用户体验的连贯性和流畅性。

④ 科学的色彩系统。提供结构化的色彩应用方法，包括主色、辅助色和强调色，支持品牌个性表达的同时确保界面元素间的视觉层级和可读性。

⑤ 统一的组件库。从基础控件到复杂组件，所有界面元素都遵循相同的设计原则，既保持各自的功能独立性，又能在整体界面中和谐共存，减轻用户的认知负担。

⑥ 精致的排版规范。基于 Roboto 字体系统建立清晰的文本层级关系，设定了标题、正文和辅助文本的精确规格，确保在各种尺寸设备上的最佳可读性。

⑦ 交互行为的一致性。为点击、滑动、拖拽等操作提供统一的交互模型和反馈机制，用户一旦掌握基本交互方式，便能轻松适应整个系统的操作逻辑。

这些特点相互关联、协同工作，形成了一个既美观又实用的设计体系，不仅满足了功能需求，还提供了愉悦且高效的用户体验。

2. Apple 的人机界面指南

Apple 的人机界面指南是一套全面的设计规范，旨在帮助开发者创建与 Apple 生态系统和谐一致的优质应用。该指南不仅是技术文档，更是 Apple 设计哲学的具体体现。

（1）核心原则。Apple 的设计理念建立在几个核心原则之上：

① 清晰性。界面元素和交互直观明了，减轻用户认知负担。设计让功能一目了然，而非需要额外解释。文字保持简洁易读，图标含义明确，交互流程符合用户心智模型。

② 尊重。设计应尊重用户的时间、注意力和控制权。界面不应有不必要的干扰或复杂的步骤，而是应该高效地协助用户完成任务，同时允许用户掌控应用体验。

③ 深度。通过视觉层次和动效创造内容层级，帮助用户理解信息结构和导航路径。这种深度感使复杂信息更易于理解，同时保持界面的精简和秩序。

④ 一致性。在所有 Apple 平台上保持设计语言的一致性，使用户能够应用已有知识降低学习成本。这包括视觉风格、交互模式和功能表现的一致。

（2）设计特点。Apple 的设计语言具有多项显著特点：

① 极简美学。推崇“少即是多”的设计观念，去除一切非必要元素，让内容成为焦点。白色空间被有效利用，创造出优雅、专注的用户体验。

② 细节精致。对细节的极致追求体现在每个设计元素中，从阴影效果到动画时间曲线，每个细微之处都经过精心考量。

③ 无缝融合。硬件与软件设计紧密结合，创造出整体一致的用户体验。界面设计充分考虑设备特性，如刘海屏、圆角和物理按钮的位置。

④ 适应性排版。Dynamic Type 技术使文本能够根据用户偏好自动调整大小，同时保持整体布局的和谐与可读性。

⑤ 直觉化交互。手势控制、三维触控（或触感触控）等交互方式让用户能够自然、直接地与内容互动，减少界面中间层。

（3）实践指导。Apple 的人机界面指南提供了具体实践建议：

① 以内容为中心。让用户的内容成为界面的主角，控件和装饰元素退居幕后，仅在需要时显现。

② 提供明确反馈。对用户的每一个操作都给予及时、清晰的反馈，无论是视觉、听觉还是触觉形式。

③ 符合人体工学。设计时考虑用户如何持握设备和使用手指交互，确保关键控件位于易于触及的区域。

④ 关注可访问性。确保应用对所有用户可用，包括视力、听力或行动能力受限的用户，具有支持 VoiceOver、动态文本和辅助触控等特性。

3. Microsoft 的 Fluent Design System

Fluent Design System 是 Microsoft 在 2017 年推出的设计语言，旨在创建跨设备的一致用户体验。

（1）核心原则。

① 光线。使用光线突出重要元素和指示交互。

② 深度。创造层次感和空间关系。

③ 动效。使用流畅、自然的动画增强用户体验。

④ 材质。使用不同的材质质感创造层次和焦点。

⑤ 比例。适应不同的屏幕尺寸和交互方式。

（2）主要特点。

① 亚克力材质。具有半透明、模糊的视觉效果。

② 自适应设计。适应从小屏幕设备到大屏幕显示器的各种设备。

③ 微妙的动画。增强用户交互的反馈。

（3）应用示例：Windows 10 和 Windows 11 操作系统；Microsoft Office 套件；Xbox 游戏控制台界面。

4. **鸿蒙系统的设计指南**（HarmonyOS Design Guidelines）

鸿蒙系统设计指南是华为基于全场景智能体验打造的一套综合设计系统，旨在为不同类型的设备提供统一且流畅的用户体验。这套指南体现了中国科技公司对设计领域的独特贡献，并在全球设计体系中确立了自己的地位。

（1）核心设计理念。

① 一步到位。设计追求简洁直观的操作流程，让用户以最短路径达成目标。界面布局和功能安排遵循用户思维逻辑，减少不必要的步骤和决策点。

② 有机统一。强调系统内各元素之间的和谐统一，保持视觉语言的一致性，同时根据不同设备特性进行适当调整，确保体验的连贯性。

③ 自然流畅。通过精心设计的动效和过渡，创造出自然、流畅的交互体验，模拟现实世界的物理规律，增强用户对操作的理解和预期。

④ 全场景协同。设计考虑多设备协同使用场景，实现跨设备的无缝体验，使任务能够在手机、平板、智能手表和智能家居设备之间自然流转。

（2）设计特色。

① 多态设计。鸿蒙系统引入“多态设计”概念，使界面元素能够根据不同设备的特性、使用场景和交互方式智能变化形态，保持功能一致性的同时优化用户体验。

② 分布式用户界面。基于分布式技术架构，用户界面可以跨设备分散呈现，根据当前任务和情境智能调整，提供更为自然的多设备交互模式。

③ 集体智能审美。融合东方美学理念与现代设计原则，强调整体平衡、虚实结合和空间层次，打造既具国际视野又彰显文化特色的视觉语言。

④ 服务卡片系统。采用卡片化设计模式，将功能和服务模块化，用户可以根据个人需求自由组合和排列，提高界面的个性化程度和使用效率。

（3）技术规范。

① 原子化设计系统。鸿蒙设计指南采用“原子—分子—组织—模板—页面”的层级结构，从基础元素开始构建复杂界面，确保设计的一致性和可复用性。

② 栅格系统。提供灵活的栅格布局框架，适应不同屏幕尺寸和方向，保证界面元素在各种设备上的对齐和比例关系。

③ 色彩规范。建立系统化的色彩体系，包括主题色、功能色和中性色，并提供亮色和暗色两套模式，满足不同使用环境和用户偏好。

④ 无障碍设计。内置全面的无障碍支持，包括屏幕阅读、色彩对比度优化和操作辅助功能，确保各类用户群体都能便捷使用系统。

（4）生态建设。

① 开放融合。鸿蒙的设计指南强调与开发者生态的共建共享，提供全面的设计资源和工具，鼓励开发者在保持系统一致性的同时创新应用体验。

② 跨平台适配。鸿蒙设计指南支持应用在鸿蒙系统与其他平台之间的高效迁移和适配，降低开发者的设计和开发成本。

③ 持续演进。鸿蒙设计指南保持定期更新和迭代，不断吸收用户反馈和行业趋势，确保设计系统的先进性和实用性。

通过这套全面的设计指南，鸿蒙系统不仅建立了独特的品牌识别度，也为全场景智能体验提供了坚实的设计基础，在全球设计领域贡献了具有中国特色的创新方案。

Google、Apple、Microsoft 和华为等公司的设计原则代表了当代交互设计的最佳实践。它们不仅为各自的生态系统提供了一致性，也为整个行业设定了标准。作为设计师，了解这些原则可以帮助我们创造出更加用户友好、美观和高效的产品。同时，我们也应该记住，这些原则是指导而非限制，创新和独特性同样重要。

4.5 交互设计模式

交互设计模式是设计师在面对特定问题时所采用的通用解决方案。这些模式基于以往的设计经验，经过时间的检验，被证明是有效的。它们帮助设计师避免重复劳动，提高设计效率，并确保最终的设计方案能够满足用户的需求。

4.5.1 常见的交互设计模式

在交互设计中，模式类型繁多，每种模式都针对特定的用户界面问题提供了经过验证的解决方案。以下是一些常见的交互设计模式。

1．导航模式

导航模式帮助用户在应用或网站中进行定位和移动。

（1）全局导航。始终显示，提供对主要部分的访问。例如，华为官网的顶部提供了全局导航，方便用户随时访问不同的商品类别（图4-3）。

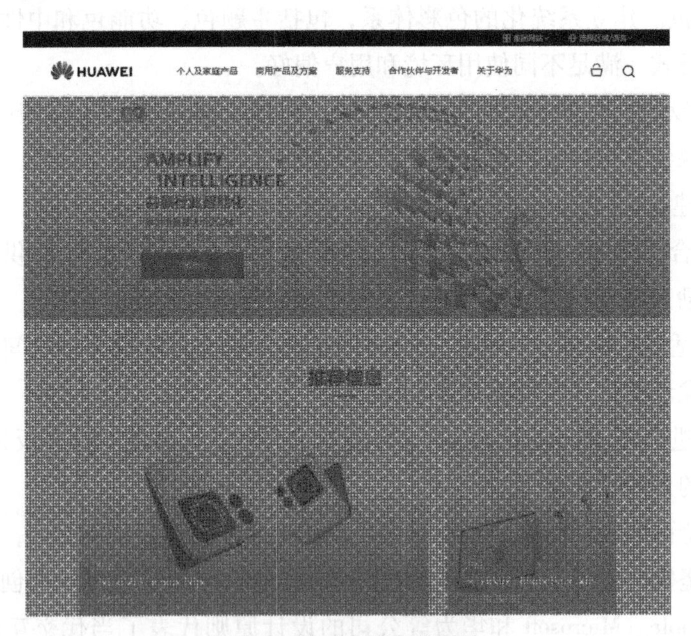

图4-3　华为官网全局导航

（2）局部导航。针对特定页面或部分的导航（图4-4）。

图 4-4　华为官网局部导航

（3）面包屑导航。显示用户当前位置的路径。相册浏览就是一个典型的例子，结构层次并不复杂，但用户在特定几个页面之间（如相册首页、相片缩略图页、相片浏览页等）跳转的频率会比较高，所以面包屑的存在对提高此处的浏览效率很有帮助（图 4-5）。

一级内容 / 二级页面 / 一级内容 / 当前页面

图 4-5　面包屑导航示例

（4）侧边栏导航。垂直排列的导航选项，通常用于展示层次结构（图 4-6）。

图 4-6　侧边栏导航示例

（5）标签页导航。允许用户在不同的视图或模块间快速切换（图 4-7）。

图 4-7　标签页导航示例

（6）点聚式导航。允许用户直达重要的内容。

2. 输入模式

输入模式指导用户如何向系统提供信息。

（1）表单，是收集用户数据的标准方式。几乎所有网站注册流程都使用表单来收集用户的用户名、密码和电子邮件地址。

（2）搜索框，允许用户快速查找信息。百度的主页提供了一个简洁的搜索框，用户可以快速输入查询关键词。

（3）命令按钮，用于执行操作，如提交表单或触发事件。Microsoft Word 中的“保存”按钮可以用来保存文档，这是一个典型的命令按钮。

（4）自动完成，在用户输入时提供建议，减少输入错误。

（5）滑块，允许用户通过滑动选择一个范围内的值。如使用滑块让手机用户轻松调整音量。

（6）开关，用于切换设置的开关状态。

3. 信息展示模式

信息展示模式关注于如何以有效和用户友好的方式展示信息。

（1）列表视图，适用于展示同质化数据项，以列表形式展示项目。如购物应用程序的商品列表页使用了列表视图来展示商品（图 4-8）。

（2）网格视图，同样适用于展示同质化数据项，以网格形式展示项目，适用于图像或图标（图 4-9）。

图 4-8　列表视图

图 4-9　网格视图

（3）卡片视图，以模块化的方式展示信息，提高内容的可扫描性。卡片是简洁小巧的信息盒子。在界面设计中，要平衡界面的审美和可用性，卡片是一个通用选择（图 4-10）。

（4）折叠面板，允许用户展开或折叠内容区域，以节省空间（图 4-11）。

图 4-10　卡片视图

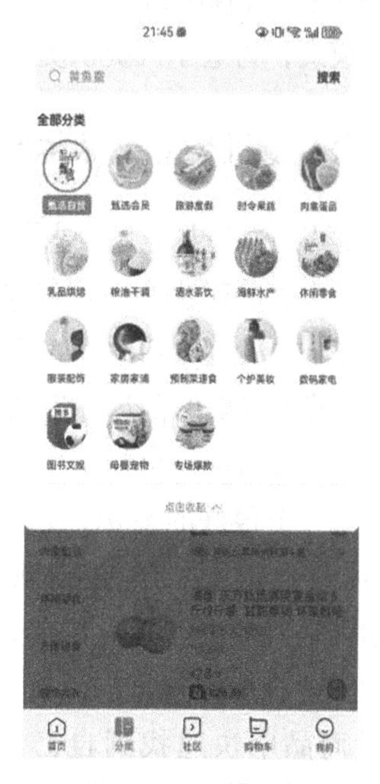

图 4-11　折叠面板

（5）标签云，以不同大小的标签展示关键词，大小通常与频率相关。

（6）时间线，用于按时间顺序展示事件或活动，强调时间序列。如新浪微博和微信朋友圈的用户时间线展示的用户关注的内容是按时间顺序排列的。

4. **反馈模式**

反馈模式确保用户在执行操作后能够获得系统的响应。

（1）成功提示，在操作成功时给予用户明确的反馈。如“已保存”或“发送成功”。

（2）错误消息，在用户操作出错时提供清晰的指示，帮助他们纠正错误。例如，在登录过程中，如果用户名或密码错误，大多数网站会显示一条错误消息。

（3）加载指示器，在内容加载时向用户显示等待提示。如旋转的加载图标。

（4）模态对话框，显示重要的信息或操作，要求用户响应。

（5）工具提示，当用户悬停在某个元素上时显示的简短信息。如 PS 中工具图标的说明。

5. **辅助功能模式**

辅助功能模式确保产品对所有用户，包括残障用户，都是可访问的。

（1）屏幕阅读器兼容性，确保屏幕阅读器可以正确读取内容。

（2）键盘导航，允许用户仅使用键盘进行导航。

（3）高对比度模式，为视觉障碍用户提供更好的可视性。

（4）字幕和音频描述，为听力障碍用户提供视频内容的文本版本。如视频网站提供字幕和音频描述，确保听力障碍用户也能享受内容。

（5）适老模式，为老年人提供更易读的界面。

4.5.2 交互设计模式的选择与应用

交互设计模式的选择与应用要求设计师们既要有深刻的用户洞察力，也要有敏锐的业务感知能力。这个过程就像一位经验丰富的船长，根据风向和海流，选择最佳的航线，带领船只安全、高效地到达目的地。

用户需求是我们启航的罗盘。现如今，用户研究已经成为设计领域的热门话题。以腾讯公司的产品开发为例，它强调用户体验的重要性，认为产品设计应以用户为中心。腾讯的微信就是一个很好的案例，它的“发现”功能采用了导航模式，让用户轻松找到朋友圈、小程序等常用功能，这体现了对用户需求的深刻理解。

业务目标则是我们的航标。比如，阿里巴巴的淘宝和天猫的电商模式不断创新，以满足日益增长的在线购物需求。在设计中，它们采用了复杂的过滤和排序系统，帮助用户在海量商品中快速找到自己所需，这不仅提升了用户体验，也推动了业务增长。

技术发展是我们航行的动力。随着科技的飞速发展，许多以前看似不可能的技术，如增强现实技术和虚拟现实技术，现在已经能够被应用在设计中。比如，支付宝的 AR 红包功能，就是技术与创意结合的典范。

上下文环境和可访问性则是我们航行中需要考虑的风浪和天气。在中国，随着老龄化社会的到来，为老年人设计产品越来越受到重视。例如，一些银行的 ATM 机提供了语音导航功能，让视力不佳的老年用户也能轻松使用。

在应用设计模式时，我们还需要不断创新和适应。就像乔布斯所说：“设计不仅仅是外表和感觉，更是产品如何运作。”他的理念影响了一代又一代的设计师。设计师们也在这一理念的启发下，不断创新。比如，美团的外卖应用，通过优化信息展示和交互模式，让用户在点餐时享受到流畅的体验。在移动支付方面，支付宝和微信支付都采用了简洁明了的界面设计，以及一键支付的交互模式，极大地提升了支付的便捷性和安全性。而华为钱包的用户可以通过设置手势导航来快速打开支付应用。这些设计不仅符合用户快速、便捷的需求，也推动了移动支付的普及。

由此可见，交互设计模式的选择与应用是一个综合性的过程，需要设计师综合考虑用户需求、业务目标、技术发展、上下文环境和可访问性等多方面的因素。在这个过程中，设计师不仅要有深厚的专业知识，还要有敏锐的市场洞察力和创新精神。只有这样，才能设计出既满足用户需求又推动业务发展的优秀产品。

4.6　交互方式的规划

交互方式规划是用户体验设计过程中的关键环节，直接决定了用户如何与产品进行沟通和操作。一个精心设计的交互系统能够使用户以最自然、高效的方式完成任务，同时降低学习成本和操作负担。交互方式不仅涵盖了用户界面的可视元素，还包括手势操作、语音命令、触觉反馈等多种感官通道和输入方式。规划这些交互方式需要深入理解用户需求、行为模式和使用场景，确保所设计的交互符合用户的心智模型，提供一致且可预期的反馈。随着技术的发展，交互方式正在从传统的图形界面向多模态、智能化方向演进，这对交互方式的规划提出了更高要求。

4.6.1　交互方式规划的方法

（1）用户需求分析。了解目标用户的特征、习惯和偏好；分析用户在不同场景下的使用需求。

（2）任务分析。明确用户需要完成的主要任务；分解任务流程，识别关键交互点。

（3）情境设计。考虑用户使用产品的环境和情境；为不同情境设计适合的交互方式。

（4）原型设计与测试。创建交互原型，模拟不同的交互方式；通过用户测试验证交互方式的有效性。

（5）迭代优化。基于用户反馈不断调整和优化交互方式；保持对新技术和交互趋势的关注，适时创新。

4.6.2 交互过程的简化

我们可以根据诺曼化繁为简的七项原则进行规划。

（1）使用世界上的知识和头脑中的知识。

（2）简化任务结构。

（3）跨越执行和评估的鸿沟（让事情可见）。

（4）获取正确的映射。

（5）利用自然和人为约束的力量。

（6）为错误而设计，适应它。

（7）当一切都失败时，标准化。

案例分析

智能手机的交互方式演进

以智能手机为例，我们可以看到交互方式的规划如何随着技术发展和用户需求的变化而演进的。

早期，实体按键＋触摸屏

代表产品：BlackBerry

特点：结合实体键盘的精确输入和触摸屏的直观操作

中期，全触摸屏＋虚拟按键

代表产品：iPhone、Android 手机

特点：更大的屏幕空间，更灵活的界面设计

现在，多模态交互，即触摸＋语音助手（如 Siri、Google Assistant）＋手势识别（如隔空操作）＋面部识别

特点：结合多种交互方式，提供更自然、更便捷的用户体验

4.6.3 交互方式的未来趋势

随着技术的飞速发展，交互方式正朝着更直观、更智能、更沉浸式的方向发展，其

中包括脑机接口、全息投影、触觉反馈和情感识别等新兴技术。

1．**脑机接口**（Brain-Machine Interface，BMI；Brain Computer Interface，BCI）

这种技术通过直接读取脑电波来实现人脑与设备的直接通信。它为残障人士提供了与外界沟通的新途径，同时也为游戏和虚拟现实等领域带来了革命性的交互体验。脑机接口技术的发展，不仅有望帮助人们通过思维来控制设备，还有潜力在医疗、教育等多个领域发挥重要作用。

2．**全息投影**（Holographic Projection）

全息投影技术允许用户在没有任何物理屏幕的情况下与空中的图像进行交互。这项技术已经在博物馆、展览和娱乐场所中得到应用，未来有望进一步普及，使得交互更加直观和自然（图4-12）。

图4-12　电影《钢铁侠》截图

3．**触觉反馈**

通过特殊的设备，如可穿戴设备或力反馈手柄，触觉反馈技术能够让用户在进行虚拟交互时感受到接近真实的触感。这种技术极大地增强了用户在虚拟现实和游戏中的沉浸感（图4-13）。

图4-13　电影《头号玩家》截图

4. **情感识别**

情感识别技术通过分析用户的语音、面部表情和生理信号来判断用户的情绪状态，并据此调整交互方式。这项技术的应用可以使得交互系统更加智能和个性化，为用户提供更加贴心的服务。

这些新兴的交互方式正在逐步从概念走向现实，它们不仅为用户带来了前所未有的体验，也为设计师和开发者提供了更广阔的创新空间。随着技术的不断进步和应用场景的不断拓展，未来的交互方式将更加多样化和智能化，为人们打开通往数字世界的全新大门。

4.7 交互式界面的类型和设计原则

通过深入理解可用性和用户体验的内涵，我们已经掌握了交互设计的核心目标。接下来，我们进一步探讨在实际设计中如何落实这些目标。在交互设计中，界面设计原则是构建有效用户界面的基石。它们指导设计师创建易于使用和理解的界面，从而提升整体的用户体验。通过在设计中实施一致性和标准化原则，设计师可以创建出易于导航、学习和使用的交互式界面，从而提升用户体验，并增强用户对产品的满意度和忠诚度。这些原则是构建有效、高效和用户友好界面的关键。

4.7.1 交互式界面的类型

交互式界面是用户与数字产品或系统进行交流的平台。随着技术的发展，交互式界面已经从简单的命令行界面发展到今天的多样化形态。了解不同类型的交互式界面有助于设计师根据用户需求和上下文环境选择合适的设计方法。

1. **命令行界面**（Command Line Interface，CLI）

命令行界面是通过文本指令进行操作的界面。用户输入特定的命令，系统执行相应的操作。CLI 在技术领域仍然广泛使用，特别是在服务器管理和软件开发中。

2. **图形用户界面**（Graphtcal User Interface，GUI）

图形用户界面使用图形元素，如图标、按钮和菜单，提供直观的操作方式。GUI 是现代操作系统和应用程序中最常见的界面类型，它通过图形元素简化了用户与计算机的交互（图 4-14）。

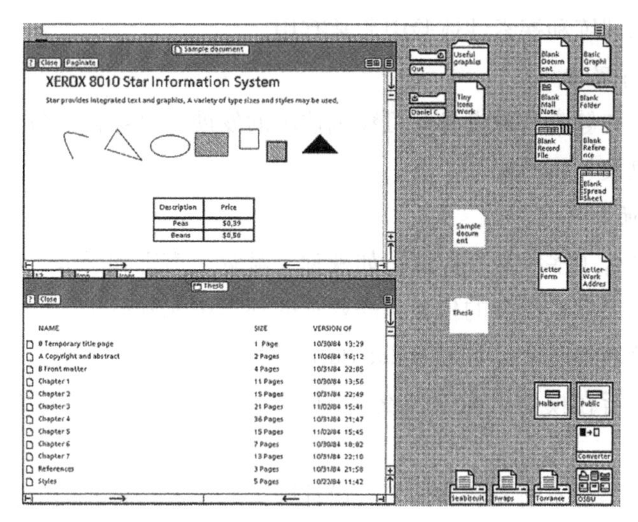

图 4-14　Star 的图形用户界面

3. **触屏界面**

触屏界面允许用户通过触摸屏幕上的视觉元素来直接操作设备。这种界面类型在智能手机和平板电脑等移动设备上非常普遍。

4. **语音用户界面**（Voice User Interface，VUI）

语音用户界面通过语音识别技术允许用户通过说话与设备交互。VUI 在智能助手和智能家居设备中越来越流行。

5. **手势界面**

手势界面通过用户身体的运动来控制设备，常见于游戏控制台和一些高级交互系统中。随着技术的进步，手势控制也在移动设备和虚拟现实中得到应用。

6. **增强现实**（AR）**界面**

增强现实界面将数字信息叠加到现实世界中，使用户能够与虚拟对象进行交互。AR 界面在教育、零售和工业设计等领域有广泛的应用（图 4-15）。

图 4-15　华为的 AR-HUD

7. **虚拟现实**（VR）**界面**

虚拟现实界面通过创造一个完全沉浸式的数字环境来使用户能够体验和交互。VR

界面在游戏、模拟训练和探索性体验中非常有用。

8. **可穿戴设备界面**

随着智能手表和健康监测设备等可穿戴技术的发展，可穿戴设备界面提供了一种新的方式来展示信息及与用户交互。

9. **多模态界面**

多模态界面结合了多种交互方式，如视觉、触觉、声音和手势，以提供丰富的用户体验。这种类型的界面在复杂的任务和高要求的环境中尤其有用。

10. **自然用户界面**（Natural User Interface，NUI）

自然用户界面旨在模仿人类自然交流的方式，使用户能够以更自然、直观的方式交互。

交互式界面的类型不断发展和演变，设计师需要了解每种界面的优势和局限性，以便为不同的用户和场景设计合适的交互体验。随着新技术，如人工智能和物联网的出现，我们可以预见未来将会出现更多创新的交互界面类型。

4.7.2　一致性和标准化原则

一致性和标准化是界面设计中的关键原则，它们确保用户在使用产品时能够形成稳定的预期，并减少学习成本。通过综合运用预防错误的设计策略和优化恢复措施的用户体验，设计师可以显著提高产品的可用性和用户满意度。这要求设计师在设计过程中不断从用户的角度出发，预见可能的错误场景，并提供相应的解决方案。

1. **一致性设计的重要性**

一致性设计是指在整个产品或服务中应用统一的设计元素和交互模式。这种一致性可以提高用户的效率和满意度，具体表现在以下几个方面：

（1）减少学习曲线。当用户在不同页面或功能间遇到相似的布局和操作方式时，他们可以更快地学会使用新功能。

（2）增强可记忆性。一致性设计让用户在长时间不使用产品后，仍能回忆起如何操作。

（3）提升信任感。一致性传达了专业性和可靠性，有助于建立用户对产品的信任。

（4）支持快速决策。用户可以依赖于一致的界面提示，快速做出决策，无须担心界面的不稳定性。

微信作为一款跨平台的即时通信应用，其在不同设备（手机、平板、PC）上的界面布局和交互逻辑保持了高度一致。无论用户在哪个终端上使用微信，都能够快速上手，这极大地提升了用户的使用体验。同时，微信还在不同功能模块（聊天、朋友圈、支付等）之间实现了统一的视觉风格和交互逻辑，使得整个产品生态保持了良好的一致性。

2. 标准化设计的应用

标准化设计是指按照行业通用标准和最佳做法来设计界面元素。这包括使用通用的图标、颜色编码和布局模式等。标准化设计的内容包括：

（1）使用标准控件，如按钮、输入框和下拉菜单等。这些控件的用户认知度高，易于理解和使用。

（2）遵循平台指南，如 iOS 的 Human Interface Guidelines 和 Android 的 Material Design，它们提供了设计界面的具体指导。

（3）保持行业惯例，如使用放大镜图标表示搜索功能，使用购物车图标表示购物功能。

（4）适应用户预期。用户对某些交互模式有固有的预期，如从上到下滚动页面，或点击按钮提交表单。

（5）标准化设计还涉及对可访问性的考虑，确保所有用户，包括残障人士，都能平等地访问和使用产品。

苹果公司的产品设计就很好地体现了一致性和标准化在提升用户体验方面的重要性。以 iPhone 为例，无论是不同型号之间，还是 iPhone 与其他苹果产品（如 iPad、Mac 等）之间，其界面设计都保持了高度一致性，如按钮、图标、字体、色彩搭配等元素都遵循了统一的设计语言和风格。这种一致性不仅减少了用户的学习成本，也强化了苹果产品的视觉识别度和品牌形象。

4.7.3 反馈与沟通原则

反馈与沟通是确保用户与系统之间顺畅互动的关键。它们帮助用户理解他们的操作是否成功，以及系统当前的状态。通过精心设计反馈机制和实现有效沟通，设计师可以提升用户的满意度和信任感，同时减少用户的挫败感和困惑。这不仅增强了用户体验，还有助于提高产品的可用性和吸引力。

1. 反馈机制的设计

在移动应用程序中，当用户成功提交表单时，界面会显示一个勾选标记或弹出一个确认框，同时伴有一声轻快的提示音，告知用户操作成功。这样的反馈机制是交互设计的核心组成部分，它向用户提供关于他们操作结果的即时信息。设计有效的反馈机制需要考虑以下几个要点：

一是及时性。反馈应该在用户执行操作后立即提供，以便用户能够迅速理解操作的影响。

二是清晰性。反馈信息应该明确无误，让用户清楚地知道操作是否成功或是否需要采取其他行动。

三是相关性。反馈应该与用户的操作直接相关，避免提供不相关的信息，以免造成用户混淆。

四是情境性。反馈应该适应不同的情境和用户需求，提供适当的引导或确认信息。

五是视觉和听觉提示。使用视觉（如颜色变化、图标）和听觉（如提示音）提示来增加反馈的感知度。

反馈与沟通机制在改善用户体验方面的作用可以通过 Airbnb 的产品设计得到体现。在 Airbnb 的预订流程中，当用户完成支付后，界面会立即给出一个醒目的绿色勾选图标，并弹出“预订成功”的提示信息。同时，系统还会发送确认邮件到用户的注册邮箱。这种及时、清晰的反馈，不仅能让用户立刻确认操作已成功，也增强了用户的信任感。此外，如果用户在使用过程中遇到任何问题或错误，Airbnb 的界面都会给出友好、直白的错误提示，并提供可行的解决方案。例如，当用户在登录时输入错误的密码时，界面会直接给出“密码错误，请重新输入”的提示，而不是使用晦涩难懂的技术性语言。这种贴近用户的沟通方式，大大降低了用户的挫折感，提升了整体的使用体验。

2. 有效沟通的实现

有效沟通是指设计中的文字、图标和布局等元素能够清晰地传达信息和指导用户。例如，在线购物网站在用户将商品加入购物车时，页面上会显示一个动画效果，并伴有文字提示“商品已添加到购物车”。又如，用户尝试购买一个缺货商品，会立即收到一个错误提示来解释问题并建议替代商品或通知补货时间。这种有效沟通具体应该如何实现呢？我们可以从以下几个方面考量：

一是语言清晰。使用简单、明了的语言来撰写指令、标签和帮助文本，避免行业术语或复杂的句子结构。

二是术语一致。在整个产品中使用统一的术语，确保用户在不同页面和功能间不会遇到理解障碍。

三是使用辅助图标和符号。使用直观的图标和符号来辅助文字信息，帮助用户更快地识别功能和操作。

四是错误处理得当。当用户操作出现错误时，提供清晰的错误信息和解决方案，避免使用技术性或模糊的提示。

五是具有可访问性。确保沟通方式考虑到所有用户，包括视觉障碍或阅读困难的用户，使用适当的字体、颜色和替代文本。

4.7.4 错误处理原则

错误处理直接影响用户对产品的信任和满意度。良好的错误处理不仅能够预防错误的发生，还能在错误发生时提供有效的恢复方案。

1. 预防错误的设计策略

预防错误是提高用户体验的首要步骤。以下是一些有效的设计策略，用于减少用户操作中可能出现的错误。

（1）限制用户的选择。通过限制用户在特定情境下的选择，可以减少因选择过多而导致的错误。

（2）使用清晰的指令。确保所有的操作指令都是明确无误的，避免使用可能引起混淆的术语或表述。

（3）实施格式限制。对于需要用户输入信息的字段，明确输入格式，并在用户输入时进行实时验证。

（4）提供自动完成功能。在用户输入时提供自动完成的建议，可以减少拼写错误并提高输入效率。

（5）设计直观的界面元素。确保按钮、链接和其他可交互元素的大小和间距适当，避免用户误触。

（6）使用确认对话框。对于不可逆的操作，如删除或提交，使用确认对话框来避免用户误操作。

例如，在设计一个在线表单时，限制输入字段的格式（如电子邮件地址或电话号码），并提供实时反馈，可以有效地减少因格式错误导致的提交失败。

2. 错误恢复的用户体验

当发生错误时，快速恢复的用户体验至关重要。以下是一些关键点，用于确保用户在遇到错误时能够快速恢复。

（1）提供清晰的错误信息。错误信息应直接指向问题所在，并避免使用技术性或模糊的语言。

（2）允许撤销操作。为用户提供撤销操作的选项，以便他们可以快速回到错误发生前的状态。

（3）保存用户数据。当发生错误时，确保用户之前输入的数据得到保存，避免因错误而丢失数据。

（4）引导用户进行纠正。提供明确的指示或建议，帮助用户了解如何纠正错误。

（5）设计友好的错误页面。即使是在出现严重错误时，也要通过友好和幽默的错误页面来减轻用户的挫败感。

例如，在一个电子商务网站中，如果用户在结账过程中遇到支付失败的错误，网站会显示一个友好的错误页面，并提供重新支付、联系客服或返回购物车等其他选项。

本章小结

本章深入探讨了交互设计的基本原则，从可用性与用户体验的多维度概念，到界面设计原则，再到交互设计模式的运用，提供了一套全面的指导工具。通过这些原则，设计师可以确保创造出既美观又实用的交互设计。本章学习了尼尔森的十大可用性原则，理解了用户体验的全面性，包括情感、认知和社会互动。同时，掌握了一致性和标准化、反馈与沟通、错误处理等原则，以及它们如何提升用户界面的质量。此外，识别了常见的交互设计模式，并理解了它们在解决设计问题中的作用。

思考与应用

选择一个你日常使用的产品或服务（如社交 APP、电商网站、银行 APP 等），全面分析其交互设计。包括：

1. 识别产品中采用的主要交互设计模式，并评估其设计质量。
2. 评估产品在可用性和用户体验方面的表现，找出存在的问题和改进空间。
3. 针对产品存在的问题，提出优化设计方案，并使用原型工具进行可视化呈现。
4. 撰写设计报告，阐述分析过程和设计思路。

第 5 章

概念化与原型制作

学习目标

- 理解概念化在交互设计中的作用，学习概念化的定义、重要性以及其在设计过程中的角色。
- 掌握概念化过程，了解如何将用户需求和设计原则转化为具体的设计概念。
- 认识原型的类型与作用，学习不同类型的原型及其在设计过程中的应用和价值。
- 熟悉并掌握使用各种工具和技术进行原型制作的技巧。
- 掌握原型测试的方法，收集用户反馈，并根据反馈进行原型迭代。
- 学习如何在原型开发过程中制定决策，以及如何根据反馈进行有效的迭代改进。

在交互设计中，概念化与原型制作是将抽象的设计理念转化为具体可感知实体的关键步骤。继前几章深入探讨了交互设计的定义、用户理解、设计思维与方法以及基本原则之后，我们已为将这些理念付诸实践做好了充分准备。本章将引导读者进入实操阶段，探索如何通过概念化将用户需求和设计原则转化为可行的设计方案，并通过原型制作将这些方案具象化，为接下来的评估和迭代打下坚实的基础。

概念化是设计思维的具象表达，它要求设计师将对用户的深入理解、创新思维和设计原则融合为一个清晰的设计方案。这一过程不仅是对设计概念的探索，更是对用户需求的深入回应。原型制作则是概念的实体化，它允许设计师和用户通过实际操作来体验和评估设计，从而确保设计方案的实用性和有效性。

在本章中，我们将首先了解概念化的重要性和过程，探索如何将设计思维转化为具体的概念。随后，我们将深入讨论原型的类型和作用，理解不同原型在设计过程中的应用场景和价值。接着，我们将介绍各种原型制作工具和技术，使读者能够根据项目需求选择合适的工具进行原型开发。此外，本章还将涉及原型测试的策略和方法，指导读者如何收集和整合用户反馈，以及如何根据反馈进行原型的迭代改进。

通过本章的学习，读者将能够掌握从概念化到原型制作的一系列技能，为成为一名能够将创意和用户需求转化为实际解决方案的交互设计师打下坚实的基础。

5.1 概念化交互设计

5.1.1 概念化的定义与过程

1. 概念化的定义

概念化是设计的核心过程，它要求设计师将对用户需求的理解、创新思维和设计原则融合为一个清晰的设计方案。这一过程不仅是对设计概念的探索，更是对用户需求的深入回应。

概念化的理论基础丰富多样，主要源自著名的设计和创新理论。赫伯特·西蒙在其开创性著作《人工科学》中提出，设计是一种“人工科学”，目的是通过构建人工制品来解决实际问题。这为概念化奠定了理论基础，即设计是一种创造性的问题解决过程。

此外，唐纳德·诺曼也强调，设计应以用户需求为中心，深入理解用户行为和认知特征。这进一步强调了概念化过程中对用户洞见的重视，要求设计师在形成设计概念时充分考虑用户需求。

同时，创新理论如开放创新、颠覆性创新等也为概念化提供了重要理论支撑。这些理论强调创新应融合外部资源，超越固有思维定式，从而激发出更具创造性的设计概念。

总之，概念化的理论基础涉及设计思维、用户中心设计和创新理论等多个领域，这为设计师提供了坚实的理论支撑，引导他们在概念化过程中更好地理解问题、洞见需求、激发创意。

2. 概念化的过程

将问题转化为解决方案，其过程就像是将一粒种子培育成一棵参天大树。首先，我们需要对问题进行深入的理解和定义，这包括识别用户的需求、痛点以及市场的机遇。这一步骤要求设计师具备敏锐的洞察力和同理心，能够从用户的角度出发，真正理解他们的需求。接下来，设计师需要将这些需求和痛点转化为具体的设计目标。这涉及对问题的重新定义和框架设定，如使用“How Might We”（HMW）问题框架来探索问题的各个方面。然后，设计师将进入创意发散阶段，生成一系列可能的解决方案。这一阶段的关键是开放性思维和自由联想，鼓励团队成员提出大胆、创新的想法。最后，设计师需要对这些想法进行筛选和评估，选择那些最符合设计目标和用户需求的解决方案。这一过程需要综合考虑创新性、可行性和用户体验等多个维度。通过这一转化过程，设计师能够将抽象的问题具象化，形成清晰、可行的设计方案。

具体来看，概念化过程通常包括以下几个阶段：

（1）问题定义。明确设计挑战，定义用户需求和设计目标。

（2）信息收集。收集与设计问题相关的信息，包括用户研究、市场趋势和技术能力。

（3）创意发散。运用头脑风暴等技巧，激发创意，生成多种可能的设计方案。

（4）概念开发。筛选和提炼创意，形成具体的概念。

（5）概念评估。评估概念的可行性、创新性和用户价值。

（6）概念精炼。进一步细化和完善概念，准备进入原型制作阶段。

5.1.2　概念化工具与方法

在实践中，设计师应该如何将概念化的理论运用于具体的设计过程中呢？下面介绍一些概念化的常用方法和技巧。

1. 头脑风暴

头脑风暴是一种经典的创意发散方法，它鼓励团队成员在没有任何限制的情况下自由地提出各种创意想法。设计师可以运用头脑风暴来快速生成大量潜在的设计概念，并在此基础上进行进一步的概念发展。

2. 类比分析

类比分析鼓励设计师从其他领域的类似问题或解决方案中寻找灵感。通过寻找问题的同源性，设计师可以打破固有思维模式，激发全新的创意点子。例如，在设计一款智能手表时，设计师可以参考航海领域的罗盘设计。

3. 情境模拟

情境模拟要求设计师设身处地地思考用户在特定情境下的需求和行为。通过构建生动的用户场景，设计师能够更好地理解用户需求，并针对这些需求提出针对性的设计概念。这种方法有助于确保设计方案贴近实际使用情况。

4. 设计方法论

设计界的领军企业 IDEO 提出了一套系统化的设计方法论，包括观察法、心智模型、共情设计等。这些方法论为设计师提供了结构化的概念化路径，帮助他们从用户洞见出发，生成创新的设计概念。

5. 用户故事

用户故事是一种描述用户需求的简洁语言形式，它从用户角度出发，以“作为一个［用户角色］，我需要［需求］，以便［实现目的］”的形式表达需求。这种方法有助于设计师聚焦用户需求，并以此为基础形成针对性的设计概念。

6. 用户旅程图

用户旅程图是一种可视化工具，它详细描绘了用户与产品或服务的全过程交互，包括用户的情感、行为和接触点。通过构建用户旅程图，设计师能够更深入地理解用户需求，并据此生成更贴近用户体验的设计概念。

总的来说，概念化过程需要设计师灵活运用多种创意发散和收敛方法，从用户需求出发，激发创新思维，形成切合实际的设计方案。这些方法在本书对应章节都有详细的讲解，它们共同为设计师提供了全面的概念化工具箱，助力设计师不断探索和求新。

5.1.3 交互设计过程中的工具与方法

在交互设计过程中，流程图、信息架构图和统一建模语言都是非常有用的工具，它们各自承担着不同的作用和价值。

1．流程图（Flowchart）

流程图用于展示步骤、过程或系统的操作流程。流程图可以帮助设计师和团队成员理解用户完成任务的路径，识别流程中的决策点和可能的分支。流程图的应用包括但不限于：

（1）用户旅程。展示用户与产品交互的全过程，从开始到结束。

（2）任务流程。详细描述用户完成特定任务所需经历的步骤（图 5-1）。

（3）系统流程。展示系统内部的逻辑和步骤，以及不同组件之间的交互。

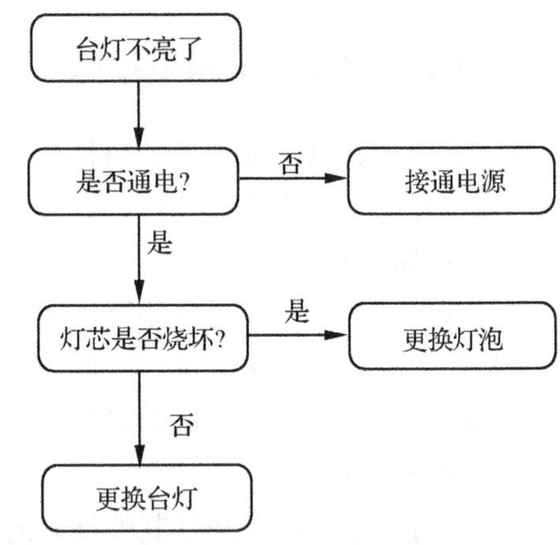

图 5-1　任务流程图

2．信息架构图（Information Architecture Diagram）

信息架构图用于展示信息的组织结构，它帮助设计师理解并优化信息的层次和分类。在交互设计中，信息架构图对于设计易于导航和查找的信息结构至关重要。信息架构图的应用包括：

（1）网站地图。展示网站或应用程序的页面结构和层次关系，如图 5-2 所示。

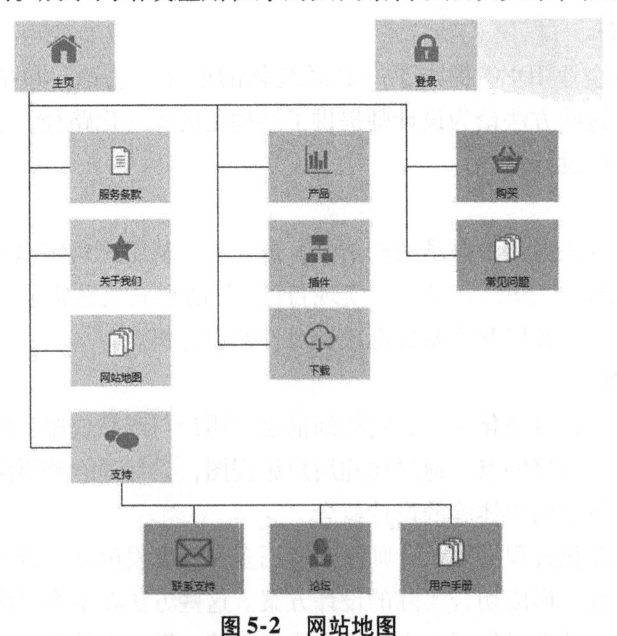

图 5-2　网站地图

（2）概念模型。展示用户如何理解和分类信息，以及他们如何通过心智模型与系统交互。

（3）导航架构。展示用户在系统中导航的方式，包括菜单、分类和标签系统（图 5-3）。

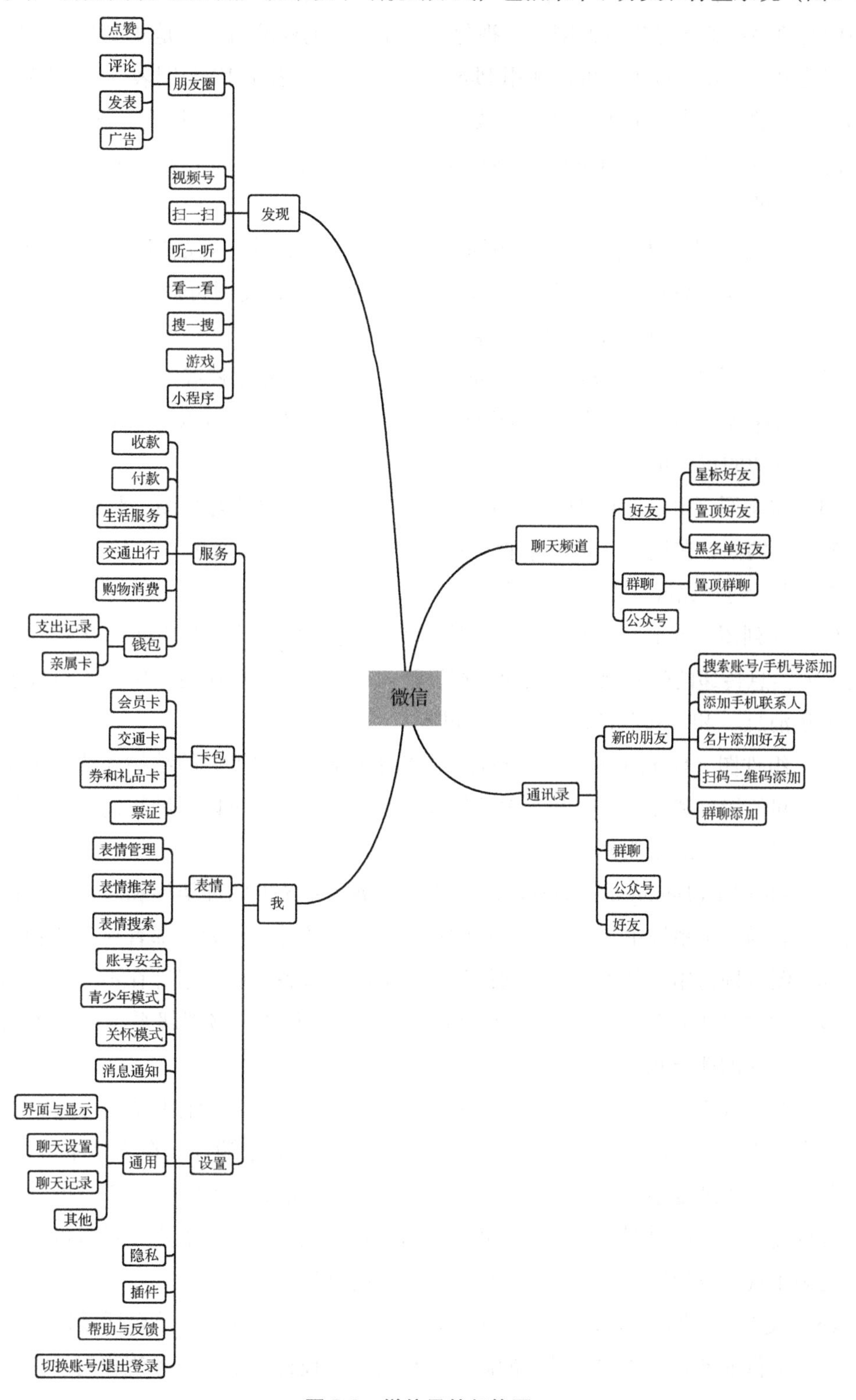

图 5-3　微信导航架构图

3. **统一建模语言**（Unified Modeling Language，UML）

统一建模语言提供了多种工具来帮助设计师从不同角度理解和表达设计。它是一种为面向对象系统的产品进行说明、可视化和编制文档的标准语言，是非专利的第三代建模和规约语言。在实践中，可以使用 PlantUML 语言创建各类 UML 图表。PlantUML 也支持创建一些常用的非 UML 图表类型，如用户界面模型、架构图、思维导图、甘特图等，详细内容可以参考 https://plantuml.com/zh/。UML 图表除了前面介绍的用例图外，还有多种类型的工具：

（1）类图（Class Diagram）。类图描述系统中类的属性、方法以及类之间的关系，如继承、关联等。例如，在设计一个图书馆管理系统时，类图可以帮助我们识别“书籍”“会员”“借阅记录”等实体以及它们之间的关系。

（2）活动图（Activity Diagram）。活动图用于展示业务流程或操作的顺序，包括决策点和并行路径。例如，在设计一个银行开户流程时，活动图可以清晰地展示从提交申请到开户成功的每一步。

（3）状态图（Statechart Diagram）。状态图关注系统的动态视图，强调对象行为的事件顺序。例如，在设计一个订单管理系统时，状态图可以展示订单从“下单”“支付”“发货”到“完成”等状态的转变。

（4）序列图（Sequence Diagram）。序列图通过时间轴展示对象间的交互顺序，强调对象间消息传递的时间顺序。例如，在设计一个即时通信应用时，序列图可以展示用户“发送消息”和“接收消息”的交互过程。

（5）组件图（Component Diagram）。组件图描述系统中组件的结构和依赖关系，展示组件之间的接口和交互。在开发大型软件系统时，组件图可以帮助我们理解系统的物理架构和组件之间的依赖关系。

（6）部署图（Deployment Diagram）。部署图展示系统的物理架构和软硬件组件的分布情况。它描述了系统中各个硬件节点的配置，以及软件组件如何部署在这些物理资源上。部署图特别适用于分布式系统的设计，可清晰呈现各个服务组件在不同服务器或计算环境中的配置和关系。通过部署图，设计师和开发人员能够理解系统的物理拓扑结构，预见潜在的性能瓶颈，并优化资源分配策略。

（7）包图（Package Diagram）。包图用于展示系统的大规模组织结构，它将相关的模型元素分组为包或命名空间，以展示它们的层次关系和依赖性。在大型系统设计中，包图是理解和管理复杂系统架构的重要工具，它帮助设计师将系统分解为可管理的模块，降低复杂度，同时明确定义模块间的接口和依赖关系。包图促进了系统的模块化设计，提高了代码复用性，并简化了团队协作和系统维护工作。

（8）交互概览图（Interaction Overview Diagram）。交互概览图结合活动图和序列图的特点，提供业务过程或软件过程的高层次概览。在设计复杂的业务流程时，交互概览图可以帮助我们理解整个过程的控制流。

5.2　原型的类型与作用

在交互设计中，原型是一个表现设计概念的实体或数字模型，它用于展示和测试产品的功能、结构、流程以及用户界面。原型可以是任何形式，从简单的草图到具有完全功能的数字模型，其核心目的是在产品开发的不同阶段提供一种方式，让设计师、开发人员、用户能够体验和评估设计。

5.2.1　原型的分类

原型是交互设计中不可或缺的工具，它以各种形式呈现设计概念，让设计师、开发人员和用户能够体验和评估产品的功能、结构及用户体验。下面，我们将重点探讨两种主要的原型分类：低保真原型与高保真原型，以及静态原型与动态原型。

1. 低保真原型与高保真原型

（1）低保真原型（Low-Fidelity Prototypes）。低保真原型是原型制作过程中的一个早期阶段，它们通常具有较少的细节和较为简单的设计。这种原型的目的不在于展示最终的视觉设计，而在于快速测试和迭代基本的布局、流程和功能。低保真原型的典型例子是纸面原型或基于线框图的原型，它们允许设计师在不投入大量资源的情况下，迅速捕捉和调整设计概念。

在设计一款新的移动应用时，设计师通常会首先创建一个纸面原型，快速讨论和迭代应用的基本结构和导航流程。这种低保真原型允许团队集中关注功能布局而不受视觉细节的干扰。

低保真原型图

（2）高保真原型（High-Fidelity Prototypes）。与低保真原型相对，高保真原型提供了更为详尽和逼真的用户体验，它们具有接近最终产品的视觉效果、动画和交互细节。高保真原型通常在设计过程的后期使用，目的是在投入大量开发资源之前，确保设计的方向和细节得到验证。这些原型可以包括复杂的动画效果、逼真的图形和全面的用户交互。

在确定了基本结构后，设计师会使用 Sketch 或 Adobe XD 等工具创建一个高保真原型，这个原型将展示最终产品的真实外观和感觉，包括按钮的点击效果、滑动菜单的动画和数据加载的状态指示器。

高保真原型图

用户界面效果图

2. 静态原理与动态原型

（1）静态原型（Static Prototypes）。静态原型主要展示设计的外观和布局，不包含动态交互或动画效果。它们通常用于展示设计的视觉元素，如颜色、字体和图像。静态原型可以是数字形式的，如图像文件或 PDF，也可以是物理形式的，如打印出来的设计图。这种原型适合评估设计的视觉一致性和美学质量。例如，在设计一个公司网站时，设计师可能会展示一系列静态视觉设计图，这些设计图集中于展示配色方案、排版和图像选择，以便团队评估和反馈视觉设计元素。

（2）动态原型（Interactive Prototypes）。动态原型则包含可交互的元素和动态效果，它们模拟了用户与最终产品交互的体验。这种原型可以是点击可响应的，展示过渡动画，甚至包含复杂的用户输入处理。动态原型对于测试用户流程、交互逻辑和用户界面的动态反馈至关重要。通常使用专业的原型工具创建动态原理，如 Axure RP、InVision 或 Framer。例如，在开发一个电子商务平台的过程中，动态原型被用来展示购物车的功能，包括商品的添加和移除、数量的调整以及结账流程的步骤。这使得团队能够测试并优化用户交互和流程效率。

3. 其他分类

根据原型的保真度和交互细节，我们还可以将其分为以下几种主要类型：

（1）线框图（Wireframes）。线框图是最基础的低保真原型，它以简单的线条和几何图形表示界面元素的布局及结构，侧重于展示产品的信息架构和交互流程。这种原型适用于设计的早期阶段，可以快速验证基本的交互设计。

（2）可视化模型（Visual Mockups）。可视化模型在线框图的基础上加入了更丰富的视觉元素，如颜色、图形和文字，以模拟产品的最终外观。这种原型能够更好地传达设计意图，有利于与利益相关方进行沟通和获得反馈。

（3）互动原型（Interactive Prototypes）。互动原型集成了交互细节，通过数字工具实现按钮点击、页面跳转等动态交互。这种原型能够提供更接近最终产品的用户体验，有助于测试设计方案的可用性和交互流畅性。

（4）沉浸式原型（Immersive Prototypes）。沉浸式原型利用虚拟现实或增强现实技术，创造身临其境的交互体验。这种原型能够让用户完全融入产品设计，有助于测试复杂的三维交互场景和身体交互。

（5）复合原型（Hybrid Prototypes）。复合原型将数字原型与实体模型相结合，模拟产品的物理特性和交互功能。这种原型适用于涉及硬件、软件和用户体验的综合性产品，有助于验证设计在现实环境中的表现。

无论原型的类型如何，它们共同的特点都包括可迭代性、可测试性、可交流性和广泛的适用性等。这些特点确保原型在交互设计的各个阶段都能发挥关键作用，帮助设计师不断完善产品设计。

5.2.2　原型的特征与应用

1. 原型的特征

原型不仅是一个设计工具，它还是一个思考工具，帮助设计师探索问题空间，激发新的想法，并在设计过程中做出更明智的决策。通过原型，设计师能够将抽象的概念具体化，使之成为可以操作和评估的实体。原型的主要特征包括：

（1）可迭代性。原型允许设计师根据反馈进行快速调整和改进，是迭代过程中的关键部分。

（2）可测试性。原型提供方法来测试设计的各个方面，包括用户交互、布局、导航等。

（3）可交流性。原型作为一种视觉的和互动的工具，可以帮助团队成员理解设计意图，并与利益相关者和用户进行有效沟通。

（4）范围性。原型可以是低保真的，只关注基本的布局和功能，也可以是高保真的，包含详细的视觉设计和交互元素。

2. 原型的作用

原型是设计思维的具象化，在设计周期的每个阶段都发挥着不同的作用：

（1）概念验证。在设计的早期阶段，原型用于验证基本的设计理念是否可行，是否满足用户的基本需求。

（2）功能测试。随着设计的深入，原型帮助测试特定的功能或交互是否按预期工作，是否提供流畅的用户体验。

（3）用户反馈。原型是收集用户反馈的有效工具，它们提供了一个平台，让用户能够直接与设计互动，并提供宝贵的使用感受。

（4）沟通工具。原型作为设计师与团队成员、利益相关者以及最终用户之间沟通的桥梁，帮助各方对设计有更清晰的理解和共识。

（5）迭代基础。原型是设计迭代的基础，它们允许设计师根据反馈快速进行调整，不断优化设计方案。

例如，我们正在设计一款新的在线教育平台。在项目的初期，我们创建了一个低保真原型，以快速测试不同的课程布局和导航结构。这个原型帮助我们确定了用户最偏好的界面元素和流程。经过原型测试，我们根据用户反馈，逐步增加了细节和交互，并最终形成了一个高保真的交互原型，用于用户测试和最终的界面验证。

5.2.3　原型与用户中心设计

在交互设计中，原型不仅是一种实现设计概念的工具，更是连接用户需求和设计方

案的关键桥梁。下面将详细探讨原型如何反映用户需求，以及用户反馈如何塑造原型的迭代过程。

1．原型对用户需求的反映

（1）功能需求。原型应当包含直接满足用户功能性需求的关键特性和交互设计。例如，在设计一款移动支付应用时，原型应当展现用户支付、查看账单等核心功能的交互流程。

（2）体验需求。原型应当体现用户在使用产品时的情感体验和交互直觉。例如，在设计一款智能家居控制系统时，原型应当体现用户操作的简洁和乐趣，让人感受到产品的人性化。

（3）情境需求。原型应当考虑用户在不同使用情境下的需求差异，如移动场景下的单手操作、家庭场景下的语音交互等。这有助于确保设计方案能够适应广泛的使用环境。

2．用户反馈对原型迭代的影响

用户反馈是原型迭代的关键驱动力。通过收集用户在原型测试中的观察、访谈和问卷数据，设计师能够识别出设计方案中的问题和改进点，并据此进行针对性的优化。例如，若用户反馈某款电子产品的控制界面过于复杂，设计师可以简化界面布局，增加关键功能的可及性，从而提升用户体验。又如，如果用户表示某个智能家居应用的设置过程过于繁琐，设计师可以重新设计配置流程，使之更加直观便捷。

总之，以用户为中心是原型开发的核心理念。通过原型反映用户需求，并以用户反馈指导原型的迭代优化，设计师确保最终产品能够真正满足用户的期望，为用户提供卓越的交互体验。

5.3　原型制作工具与技术

5.3.1　纸面原型与数字原型

在原型制作的领域中，纸面原型与数字原型是两种基本且极具差异的方法，它们各自具有独特的优势和应用场景。

1．纸面原型

纸面原型是一种快速且成本低廉的原型，它侧重于设计的布局和基本功能。

纸面原型的制作通常遵循以下步骤：

（1）草图绘制。使用铅笔或马克笔在纸上快速勾勒出界面的草图，捕捉设计的初步想法。

（2）界面布局。细化草图，确定各个元素的位置和界面的布局结构。

（3）注释添加。在草图旁边或背面添加注释，说明交互流程和设计意图。

纸面原型

（4）故事板制作。通过串联草图，形成故事板，展示用户与产品交互的流程。

（5）评审与反馈。与团队成员或潜在用户分享纸面原型，收集初步的反馈和建议。

纸面原型的优势在于其简便性和灵活性，它允许设计师快速迭代，不受技术限制。它非常适合在设计的早期阶段探索多种可能性。

2. 数字原型

数字原型是在计算机上创建的，可以包含交互元素和动画效果。

选择和使用数字原型工具通常涉及以下考虑因素：

（1）工具特性。根据项目需求，选择支持所需功能的工具，如交互设计、动画制作和响应式布局。

数字原型

（2）学习曲线。考虑工具的易用性，选择学习曲线适中的工具，以便快速上手并专注于设计本身。

（3）团队协作。选择支持团队协作的工具，以便多人可以同时在同一原型项目中协同工作。

（4）集成性。考虑工具与其他设计和开发工具的集成性，确保从设计到开发的流畅过渡。

（5）输出格式。确保所选工具能够输出适合用户测试和演示的格式，如 HTML、PDF 或专用的演示链接。

数字原型的优势在于其高度的真实性和交互性，能够提供接近最终产品的用户体验。它适合在设计中后期进行详细测试和演示。

5.3.2　交互设计与编程

1. 编程在原型制作中的应用

编程在原型制作中的应用为设计师提供了一种强大的手段，使得原型不仅仅是静态的界面展示，而是能够模拟真实世界中用户与产品交互的动态过程。通过编程，设计师能够实现自定义的动画效果、复杂的用户输入响应、动态内容更新以及模拟后端逻辑等高级功能。例如，使用 JavaScript，设计师可以为按钮添加点击事件，触发界面的变化或数据的加载，从而展示更加真实的用户操作反馈。此外，通过 Ajax 等技术，原型能够与后端服务进行异步数据交换，模拟网络请求和实时更新，提供更加流畅和自然的用户体验。编程使得原型的交互性、真实性和保真度得到极大提升，让设计师能够探索更广泛的设计方案，并在早期阶段验证这些设计概念的可行性。这种技术的应用不仅加深了设计师对产品功能和用户行为的理解，而且加强了与开发团队的协作，确保设计方案能够顺利地转化为最终产品。

对于非编程背景的设计师，了解一些基础的编程概念和技能可以极大地促进与开发团队的沟通，并帮助他们更深入地理解交互设计的技术实现。以下是设计师应该了解的一些编程基础知识（表 5-1）。

表 5-1　编程基础知识

序号	编程基础知识领域	描述或关键点
1	HTML/CSS 基础	网页结构和样式的基础语言，HTML 创建内容结构，CSS 设置视觉样式
2	JavaScript 基本概念	网页交互脚本语言，包括基础语法、变量、条件语句和循环
3	DOM 操作	文档对象模型，使用 JavaScript 操作 DOM 元素
4	响应式设计原则	能够适应不同设备和屏幕尺寸的界面，包括使用弹性网格布局，灵活的图像和媒体、媒体查询等技术
5	前端框架和库	熟悉 Bootstrap、Foundation 等，加速开发并提供一致用户界面组件
6	版本控制系统	Git 基本概念，团队协作和代码管理
7	API 交互基础	通过 API 与后端服务数据交换，包括 RESTful API
8	编程思维	逻辑思维和问题解决，将复杂问题分解为易管理的部分
9	设计工具中的简易编程	在设计工具中使用插件或脚本自动化任务
10	开发工作流程	敏捷开发方法和瀑布模型，及其对设计过程的影响
11	基本的 Web 性能知识	加载时间和页面速度对用户体验的影响及优化方法
12	可访问性指南	Web 可访问性指南（WCAG），确保设计对所有用户可访问

2. 无需编程的交互设计工具

尽管编程可以提供极大的灵活性和控制，但许多设计师可能因为没有编程背景或其他原因而不希望在原型制作中涉及编程。为此，市面上有许多用户友好的设计工具，它们提供了丰富的交互功能而无须编写代码。这些工具通过提供拖放界面，使得设计师能够轻松地通过拖拽元素来构建原型，无须编写任何代码。此外，这些工具内置了丰富的预设交互模块，如按钮点击和滑动操作，允许设计师直接应用这些模块，简化了交互设计过程。一些工具甚至采用了视觉编程方法，通过图形化界面让设计师通过操作视觉元素来设置交互逻辑。这些设计工具还具备即时反馈机制，设计师可以实时看到自己更改的效果，从而加快迭代速度。而且，它们还支持团队协作功能，让团队成员能够共同参与设计过程，无须跨越编程技能的障碍。这些工具的易用性和功能性极大地扩展了设计师在原型制作上的可能性，使得设计工作更加高效和协作（表 5-2）。

表5-2 常用的交互设计工具

序号	产品名称	网址	国家	主要特点
1	Adobe XD	https://www. adobe. com/products/xd. html	美国	Adobe产品，界面设计和协作，适用于PC和移动设备
2	Figma	https://www. figma. com/	美国	基于浏览器，强大的协作功能，适用于PC和移动设备
3	Sketch	https://www. sketch. com/	美国	矢量绘图，广泛用于界面设计，仅限Mac
4	InVision	https://www. invisionapp. com/	美国	原型设计和协作工具，适用于PC和移动设备
5	Axure RP	https://www. axure. com/	美国	高保真原型，丰富的交互功能，仅限PC
6	Balsamiq	https://balsamiq. com/	美国	低保真设计，专注于草图，适用于PC
7	Marvel	https://marvelapp. com/	英国	快速原型设计，支持团队协作，适用于移动设备
8	Proto. io	https://proto. io/	美国	高保真原型设计工具，适用于移动设备
9	Affinity Designer	https://affinity. serif. com/en-gb/designer/	英国	矢量图形设计，提供原型设计功能，适用于PC
10	Canva	https://www. canva. com/	澳大利亚	多功能设计工具，适用于PC和移动设备
11	Adobe Spark	https://spark. adobe. com/	美国	简单的故事讲述和设计工具，适用于移动设备
12	Moqups	https://moqups. com/	美国	低保真原型设计，适合移动应用，适用于PC
13	Webflow	https://webflow. com/	美国	网页设计和原型制作，支持移动端，适用于PC
14	UXPin	https://www. uxpin. com/	波兰	界面设计、原型和协作平台，适用于PC
15	HotGloo	https://www. hotgloo. com/	德国	线框图和原型设计工具，适用于移动设备
16	Tello	https://trello. com/	美国	项目管理工具，也可用于设计协作，适用于PC和移动设备

我国本土的一些设计工具和平台，在国内市场也具有较高的知名度和使用率（表5-3）。

表 5-3　常用的本土交互设计工具

序号	产品名称	网址	主要特点
1	蓝湖	https://lanhuapp. com/	产品设计协作平台，支持设计、原型和代码协作
2	墨刀	https://modao. cc/	原型设计工具，提供丰富的交互组件和易用的设计功能
3	摹客	https://www. mockplus. cn/	快速原型设计工具，支持团队协作
4	即时设计	https://mastergo. com/	云端设计工具，支持协同设计和原型制作
5	来画	https://www. laihua. com/	在线设计和视频制作服务，支持团队协作
6	石墨文档	https://shimo. im/	在线文档和表格工具，支持实时协作

5.3.3　硬件原型与物理交互的模拟

在设计那些涉及物理交互的产品时，硬件原型扮演着至关重要的角色。硬件原型提供了一种模拟真实世界中用户与设备交互的方式，从而在设计阶段就能够测试和评估产品的物理特性和用户界面的可行性。

1. 硬件原型的定义与重要性

硬件原型是实体模型或工作模型，用于模拟最终产品的物理特性和功能。它们既可以是简单的手工模型，也可以是复杂的功能性原型。硬件原型的重要性可以从实际体验、功能测试和设计验证三个方面理解。首先，它们允许设计师和用户在现实环境中与产品互动，感受产品的大小、重量和触感。其次，可以测试产品的机械功能、电子组件和用户界面的实际工作情况。最后，还可以验证设计概念在物理世界中的可行性和有效性。

2. 硬件原型的类型

硬件原型可以分为以下三类：

（1）概念模型。用于展示设计概念的基本形式和功能，通常由泡沫、纸板或 3D 打印材料制成。

（2）功能原型。包含实际工作的组件，如按钮、开关或显示屏，用于测试产品的实际功能。

（3）美学模型。专注于产品的最终外观和感觉，使用更精细的材料和工艺来模拟最终产品。

3. 物理交互的模拟

物理交互的模拟是硬件原型的另一个关键方面，它包括：

（1）触觉反馈。模拟用户触摸和操作产品的体验。

（2）运动模拟。如果产品包含可移动部件，硬件原型可以模拟这些部件的运动。

（3）声音反馈。对于包含声音反馈的产品，硬件原型可以模拟这些声音效果。

4. 硬件原型的制作工具和技术

硬件原型的制作是一个结合现代制造技术和传统手工艺的过程，它涉及一系列工具和技术的使用。设计师可以利用 3D 打印机来快速迭代复杂的几何设计，将数字模型转化为实体模型；使用激光切割机进行精确的材料切割，制作出原型的各个部分；采用数据机床加工技术来实现高精度的零件制作，确保原型的精细度和功能性。此外，手工制作技术如木工和金属加工，也被用于打磨原型的细节，赋予其更符合最终产品的外观和触感。这些工具和技术的综合应用，不仅加速了从概念到实体的过程，也使得设计师能够在实际的物理环境中测试和评估设计，确保产品在功能、形式和用户体验上的协调统一。

例如，考虑一款新型智能手表的设计项目时，首先，设计师使用 3D 打印技术创建了一个概念模型，以评估手表的大小和形状。随后，他们制作了一个功能原型，集成了显示屏和触摸传感器，以测试用户界面的交互性。最后，他们还制作了一个美学模型，采用高级材料和表面处理技术，以模拟最终产品的高端外观和感觉。

5.4　原型测试与反馈

原型测试允许设计师通过实际用户与原型的互动来验证设计假设并收集反馈信息。

原型测试的目的。原型测试的核心目的在于确保设计解决方案能够满足用户的需求和期望。通过观察用户与原型的交互，设计师可以评估设计的直观性、易用性和功能性。此外，原型测试还有助于识别设计中的潜在问题，从而在产品开发的早期阶段进行调整和优化。

规划原型测试。有效的原型测试需要精心规划，明确测试目标和预期成果，这将指导整个测试的设计和执行。首先，选择合适的原型类型和测试方法，如启发式评估、可用性测试或 A/B 测试。其次，确定测试参与者，他们应具有目标用户群体的特征。再次，设计测试任务，确保它们真实反映用户使用场景。最后，准备测试环境和工具，包括观察室、录音设备和测试脚本。

执行原型测试。在测试执行阶段，重要的是创造一个用户友好的测试环境，减少外部干扰，让用户能够自然地与原型互动。测试时，观察用户的行为，记录他们如何完成任务、遇到的问题以及他们的反馈。可使用屏幕录像、音频记录和观察记录等方法收集数据。

利用反馈进行设计迭代。收集到的用户反馈是设计迭代的宝贵资源。先分析测试数据，识别问题和改进点，再根据反馈调整设计，解决可用性问题，增强用户体验。迭代是一个持续的过程，可能需要多次原型测试和反馈循环来逐步完善设计。

案例分析

一个设计团队正在开发一款新的移动银行应用程序。

他们创建了一个高保真的交互原型，并计划进行用户测试。测试目标是验证应用程序的用户界面是否直观，以及用户能否轻松完成关键任务，如转账和查询账户余额。

测试规划包括招募具有不同技术水平的用户，设计一系列任务，如“向朋友转账”或“查看最近的交易记录”。测试在一个模拟的银行环境中进行，用户在测试过程中的行为和反应被记录了下来。

测试结束后，团队分析了收集到的数据，包括用户完成任务的时间、遇到的问题以及他们的口头反馈。分析结果揭示了应用程序中的几个可用性问题，如导航不直观和某些功能难以找到。团队根据这些反馈进行了设计迭代，改进了用户界面和导航流程。

通过这次原型测试和反馈循环，设计团队显著提高了移动银行应用程序的用户体验，确保最终产品能够满足用户的实际需求。

5.5 案例分析与思考

为了帮助读者更好地将本章所学的理论知识与实践应用相结合，我们将在本节中介绍两个具有代表性的概念化和原型制作的案例，并提出相应的思考题。

5.5.1 案例1

智能家居控制系统概念化与原型开发

某科技公司正在开发一款全新的智能家居控制系统，该系统将整合智能家电、照明和安防等功能，为用户提供一站式的家庭自动化解决方案。

在概念化阶段，设计团队首先通过用户研究，深入了解目标用户群体的家庭生活场景、痛点、需求和技术接受程度。基于此，他们运用头脑风暴和情境模拟等方法，生成了多个可能的设计概念，包括语音控制、情景模式和远程监控等。

随后，设计团队选取了最有前景的概念，并制作了多种保真度的原型。他们首先制作了线框图原型，快速验证了基本的交互逻辑和信息架构。然后，他们制作了高保真的交互原型，集成了按钮点击、界面切换等动态交互效果，并在用户测试中收集了宝贵的反馈。

基于用户测试结果，设计团队对原型进行了多次迭代优化，最终确定了智能家居控制系统的整体设计方案。该方案不仅满足用户的功能需求，也贴合他们的使用情境和交互习惯，为即将上市的产品奠定了坚实的基础。

思考题

1. 在智能家居控制系统的概念化过程中，设计团队采用了哪些具体的方法？这些方法如何帮助他们生成创新的设计概念？

2. 设计团队为什么要从低保真原型逐步过渡到高保真原型？不同类型的原型在设计过程中发挥了哪些作用？

3. 用户测试反馈如何影响了最终的设计方案？设计团队是如何将用户需求转化为可行的交互设计的？

5.5.2　案例2

医疗可穿戴设备概念化与原型制作

某医疗科技公司正在开发一款针对糖尿病患者的可穿戴监测设备。该设备能够实时监测用户的生理指标，并提供个性化的健康建议。

在概念化阶段，设计团队深入了解糖尿病患者的日常生活状况、用药需求和对设备的期望。他们运用共情设计方法，设身处地地感受患者的使用场景，并据此提出了多个针对性的设计概念，如设备外观风格、交互功能和数据反馈等。

设计团队选择了最受用户欢迎的概念，并制作了一系列从低保真到高保真的原型。首先，他们制作了简单的纸面原型，验证了设备的整体造型和佩戴体验。随后，他们又制作了结合电子元件的硬件原型，模拟了设备的传感功能和数据交互。最后，他们进一步优化了设计，制作出了高保真的交互原型，让用户在虚拟环境中体验设备的全部功能。

经过多轮的用户测试和反馈收集，设计团队不断完善原型，最终确定了该可穿戴设备的最终设计方案。该方案不仅符合医疗标准，而且贴近用户的使用需求，大大提升了患者的自我管理体验。

思考题

1. 设计团队如何运用共情设计方法，深入了解糖尿病患者的使用场景和需求？这为后续的概念化过程带来了哪些启发？

2. 为什么设计团队要从纸面原型逐步过渡到硬件原型和交互原型？这种渐进式原型开发方式有什么优势？

3. 用户测试反馈在该项目中起了什么关键作用？设计团队是如何将用户需求转化

为最终的可穿戴设备设计方案的?

本章小结

本章详细探讨了概念化与原型制作的原理和方法，从理论基础和实践应用两方面为交互设计师提供了全面的指导。以下是本章的主要内容概述：

1. 理解了概念化的定义与过程，探讨了如何将设计思维转化为具体的设计概念。概念化是将用户需求、创新思维和设计原则融合为清晰设计方案的过程，包括问题定义、信息收集、创意发散、概念开发、概念评估等关键阶段。

2. 详细分析了原型的类型与作用，从低保真原型与高保真原型，到静态原型与动态原型，以及线框图、可视化模型、互动原型等多种分类。

3. 介绍了原型制作的工具与技术，包括纸面原型与数字原型的制作方法、交互设计与编程的结合，以及硬件原型与物理交互的模拟。

4. 探讨了原型测试与反馈的方法和策略，包括测试目的、规划、执行和反馈。

通过本章的学习，读者应当能够掌握从概念化到原型制作的一系列技能，了解如何将创意和用户需求转化为可测试的设计方案，以及如何通过迭代优化最终实现卓越的用户体验。

思考与应用

1. 描述概念化过程中的各个阶段，并解释每个阶段的重要性。
2. 讨论如何使用头脑风暴和类比分析等方法来生成创新的设计概念。
3. 解释低保真原型与高保真原型的区别，并讨论它们在设计过程中的应用。
4. 比较纸面原型与数字原型的优势和适用场景。
5. 描述原型测试的规划和执行过程，并解释用户反馈如何用于设计迭代。

第 6 章
视觉与交互

学习目标

- 掌握视觉设计的基础理论和心理学基础。
- 学习色彩理论、布局设计原则、图标和符号设计原则。
- 理解动效设计的概念、作用和实践方法。
- 掌握在多设备环境中实现视觉设计一致性的策略。
- 学习设计系统和样式指南的构建与应用。

在数字化时代，我们的视觉设计不再局限于单一的画布或屏幕。随着技术的飞速发展，用户接触数字产品的渠道变得多样化，从智能手机到平板电脑，再到桌面电脑和电视屏幕，设备多样性对设计师提出了新的挑战。如何在不同设备和平台上提供一致的用户体验，成为交互设计领域的一个重要议题。本章将深入探讨视觉设计在多设备环境中的一致性，揭示如何通过跨平台设计和适配策略，创造出既美观又实用的用户界面。

视觉设计是构建用户界面不可或缺的一环，它不仅关乎美学，更与用户的感知、认知和行为紧密相连。本章将深入讨论视觉设计的基础理论，包括视觉感知的原理、视觉设计的心理学基础，以及格式塔（Gestalt）原理在视觉设计中的应用。这些理论不仅帮助我们理解用户如何处理视觉信息，还将指导我们如何创造直观、高效且富有吸引力的用户界面。

色彩与布局作为视觉设计中的核心元素，它们能够吸引用户的注意力，引导用户的行为，增强信息的传递。图标与符号作为视觉语言的组成部分，它们的设计原则和识别性对于跨文化交流尤为重要。动效设计作为一种新兴的视觉元素，其在增强交互体验方面的作用不容忽视。本章将展示如何将这些元素融入交互设计中，以提升用户体验。

在多设备环境中，设计一致性的重要性不言而喻。它确保了用户无论在何种设备或平台上接触产品，都能获得统一且连贯的体验。这种一致性不仅体现在视觉表现上，如颜色、形状、字体和布局，也体现在用户交互和操作逻辑上。本章将介绍设备多样性带来的设计挑战，以及设计系统与样式指南如何帮助我们实现跨平台的一致性。通过本章的学习，我们将能够理解并应用跨平台设计的概念和原则，掌握响应式设计和组件化设计的技术，掌握如何使用现代设计工具来支持跨平台设计。

6.1 视觉设计基础理论

6.1.1 视觉感知的原理

在探索视觉设计的基础理论时，我们首先需要理解视觉感知的原理。在交互设计的领域，视觉设计不仅关乎美学，更关乎用户如何感知和解释他们所见的界面。视觉感知的原理是理解用户如何与设计互动的基础。

1. 视觉感知的生理机制

视觉感知是一个复杂的过程，它不仅涉及光与影的物理作用，还涉及大脑如何解释这些信息。正如杰夫·约翰逊（Jeff Johnson）所指出的，人类的视觉系统经过优化，更容易看到结构而非随机无序的点。这种对结构的偏好是格式塔心理学的核心，它强调人们如何将视觉元素组织成有意义的整体。

视觉感知的启动始于视网膜上的光感受器——视锥细胞和视杆细胞。它们是我们视网膜上的两种主要的光感受器。视锥细胞负责在光线充足时捕捉颜色信息，而视杆细胞则在昏暗环境中发挥作用，对黑白对比更为敏感。视锥细胞有三类，分别对红色、绿色和蓝色光敏感，传统理解认为这意味着我们的色觉与摄影机和计算机显示器类似，通过红色、绿色和蓝色像素的组合来探测或形成多种颜色。

然而，这种传统理解并不完全准确。实际上，视锥细胞的敏感光谱范围比我们通常认为的要宽，并且存在重叠。这意味着，尽管三类视锥细胞各自对特定颜色最为敏感，但它们的反应范围却覆盖了整个可见光光谱。此外，不同视锥细胞的敏感度存在显著差异，其中对黄色和红色最为敏感的低频视锥细胞，其敏感度高于对蓝色敏感的高频视锥细胞。

这种敏感性对于界面设计至关重要，因为它影响着用户如何在不同光照条件下感知颜色和对比度。颜色与对比度是视觉设计中的关键元素。颜色能够吸引注意力，激发情感反应。然而，我们对颜色的感知并非静态的，它受到周围颜色的影响，这一点在格式塔心理学中被广泛讨论。对比度则帮助我们在复杂场景中区分物体，它对于阅读文本和识别界面元素至关重要。

这种复杂的色觉机制在设计中有着重要的应用。例如，当设计图表或界面时，我们需要考虑到颜色的对比度和饱和度，以确保所有用户，包括色盲用户，都能正确区分不同的视觉元素。

在实际应用中，这意味着设计者需要避免使用难以区分的颜色，如深红色与黑色、蓝色与紫色，以及浅绿色与白色，这些颜色对于红绿色盲用户来说难以区分。此外，设计者还应考虑到颜色的呈现方式，包括颜色的深浅、色块的大小和分隔距离，这些因素都会影响用户区分颜色的能力。

为了解决这些问题，设计师可以采用多种策略，如增大色块大小、提高颜色对比度、使用纹理或形状辅助识别等。此外，使用色盲模拟器或滤镜来测试设计，确保所有用户都能有良好的体验，也是非常重要的。

理解大脑如何处理视觉信息也很关键。大脑通过视皮层上的神经元进行信号处理，形成颜色对抗通道，使我们能够感知颜色差异。这个过程强调了对比度而非绝对亮度的重要性，这解释了为什么在不同光照条件下，我们仍能识别颜色和物体。

2. 色觉机制及其对设计的影响

我们的视觉系统擅长模式识别。从简单的几何形状到复杂的图案，我们的大脑能够迅速识别并赋予意义。这种能力在设计中意味着清晰、一致的视觉元素可以帮助用户更快地理解和导航界面。

德国心理学家通过观察和编目众多关键的视觉现象，得出了一个基础性的发现：人类的视觉是整体性的。我们的视觉系统自然而然地对视觉输入构建结构，它在神经系统层面上识别形状、图形和物体，而不是孤立地看到不相连的边和区域。这种整体性的视觉感知方式被称为格式塔原理。

格式塔原理的核心在于视觉模式识别，即我们如何将视觉元素组织成有意义的整体。这些原理曾被视为描述性的框架，帮助我们理解视觉感知的结构化方式。随着时间的推移，现代感知和认知心理学家更倾向于基于眼球、视觉神经和大脑的研究来解释视觉感知，但格式塔原理依然提供了有价值的描述性视角。

神经心理学的发现与格式塔心理学家的观察相一致，表明我们和其他动物一样，依赖于整体对象来感知环境，这一能力有着神经系统的基础。尽管格式塔原理可能不提供视觉感知的基础性解释，但它仍然对理解和设计图形及用户界面有较大的帮助。

3. 视觉感知的局限

在探讨人类视觉感知的精细机制时，我们必须认识到其固有的局限性。我们的视野分辨率并非均匀分布，而是呈现出从中心到周边的显著差异。这种分辨率的不均匀分布揭示了视觉系统在结构和功能上的复杂性。

中央凹与周边视觉的分辨率差异显著。中央凹是位于视网膜中心的微小区域，拥有极高的视锥细胞密度，每平方毫米约有 15.8 万个视锥细胞。这种高密度的感光细胞使得中央凹具有极高的分辨率，类似于高分辨率的 TIFF 图像。相比之下，视网膜的周边区域，每平方毫米仅有约9000个视锥细胞，分辨率大幅降低，相当于低分辨率的JPEG图像。

这种差异源于像素密度、数据压缩和资源处理的不均等性。中央凹的视锥细胞与神经节细胞的连接比是1:1，保证了信息的无损传递。然而，在视野的周边区域，多个光感受细胞共享一个神经节细胞，导致信息在传递到大脑之前经过了压缩，即数据有损。此外，大脑视觉皮层有50%的区域专用于处理中央凹的输入，而剩余的一半则处理来自视网膜99%区域的数据。

周边视觉的特性也体现了视觉感知的局限性。尽管视杆细胞的数量远超视锥细胞，但周边视觉的分辨率依然较低。这是因为大多数视锥细胞集中在中央凹区，而视杆细胞则主要分布在视网膜的周边区域。这种分辨率的降低导致周边视觉的视觉质量大约只有20/200，在美国，这被定义为法定盲人的标准。

有学者通过比喻解释了这一现象，周边视觉的视觉效果类似于透过覆满水雾的浴室门看东西。尽管如此，我们并不觉得自己像是通过一个“浴室门”看世界，而是感觉视野是清晰的。这是因为我们的眼睛不断地快速移动，选择性地将焦点投射在环境中的物体上。大脑则利用我们的知识与期待，以一种印象派的方式填充视野的其他部分。

此外，我们的视野中存在一个盲点，这是由于视网膜上视觉神经和血管的出口处没有感光细胞。尽管这个盲点存在，我们通常并不会意识到，因为大脑会用周围景象填补这个空白。

周边视觉的功能虽然在分辨率上不及中央凹，但它在引导中央凹、察觉运动以及在低亮度环境下的视觉中发挥着重要作用。周边视觉能够提供低分辨率的线索，引导眼球运动，使我们能够注意到环境中的变化，如移动的物体或潜在的威胁。此外，视杆细胞在低光环境下接管视觉任务，使我们能够在夜晚或光线不足的环境中看得更清楚。

综上所述，尽管我们的视觉系统在不同区域存在分辨率的不均衡，但它通过精巧的设计和大脑的处理能力，确保了我们能够有效地感知和解读周围的世界。

理解视觉感知的原理对于创建有效的视觉设计至关重要。视觉设计要求设计师不仅有艺术感，还有对人类视觉和认知过程的科学理解。通过深入研究和应用这些原理，设计师可以创造出既美观又功能性强的用户界面，提升用户体验，实现设计的最大价值。

6.1.2 视觉设计的心理学基础

1. 信息处理机制

在视觉设计领域，理解注意力的引导与维持是至关重要的。这涉及两种基本的加工方式：自上而下的加工（Top-down Processing）和自下而上的加工（Bottom-up Processing）。自上而下的加工是指个体根据自己的目标、期望、知识和经验来引导注意力的过程。这种加工方式是由大脑的高级功能区域，如前额叶皮层所驱动的，它使我们能够有选择地关注那些与我们当前任务或兴趣相关的信息。例如，当我们在网页上寻找特定的新闻时，我们会忽略那些与搜索关键词无关的内容，专注于那些符合我们预期的信息。相对地，自下而上的加工是一种由外部刺激的物理特征所驱动的注意力引导方式。这种加工不受个体的预期或目标影响，而是直接由环境中显著或突出的元素触发。例如，一个在灰色背景上的红色按钮会自然地吸引我们的注意，因为它在视觉上与周围环境形成了鲜明对比。这种加工方式与大脑的感觉区域，如视觉皮层有关，它负责处理从感官接收到的原始信息。

两种加工方式在视觉设计中的应用对于创造有效且吸引人的用户界面至关重要。设计师需要平衡这两种方式，以确保用户能够既按照自己的目标有效地找到所需信息，又能注意到界面上重要的、可能影响他们决策的视觉元素。

自上而下的加工可以帮助用户将注意力维持在与任务相关的内容上，通过预期和熟悉性来引导他们的注意力。例如，熟悉的图标和布局可以帮助用户快速识别功能和操作，减少他们的认知负担。然而，如果设计过于依赖用户的先验知识，对于那些不熟悉该设计的用户来说，可能会导致困惑和导航困难。自下而上的加工可以将用户的注意力吸引到新元素或意外事件上，从而打破他们的预期并引导他们注意到可能被忽略的重要信息。但是，如果过度依赖这种加工方式，可能会导致用户分心，特别是当环境中存在太多突出元素时。

在设计实践中，理想的方法是将自上而下的加工和自下而上的加工结合起来。通过这种方式，设计师可以创建出既能够引导用户按照自己的目标进行操作，又能够适时地吸引他们注意到关键信息的界面。这要求设计师深入理解用户的预期、任务需求以及环境特征，从而在视觉设计中做出恰当的选择。

2. 注意力的选择性

注意力的选择性是指人们在面对大量信息时，只能关注其中一小部分的能力。这种选择性是认知过程中的一个关键方面，它帮助我们过滤掉无关信息，专注于当前任务或目标。这种选择性是由我们的大脑结构和功能所决定的，特别是前额叶皮层和顶叶皮层，这些区域在注意力的分配和控制上起着核心作用。关于注意力的选择性，代表性理论有以下几种：

有限容量理论。根据乔治·米勒（George Miller）的研究，人类的工作记忆容量有限，通常只能同时处理5—9个信息单元。这限制了我们能够同时关注的信息量。

过滤器理论。唐纳德·布罗德本特（Donald Broadbent）提出的过滤器理论认为，注意力像一个过滤器，只允许某些信息通过并进入我们的意识，而忽略其他信息。

双加工理论。理查德·谢夫林等人（Richard Shiffrin, et al.）于1977年提出的双加工理论区分了自动化加工和控制加工。自动化加工不需要注意力资源，而控制加工则需要注意力资源。

认知负荷理论。约翰·斯威勒（John Sweller）的认知负荷理论强调，当任务要求的认知资源超出了工作记忆的容量时，人的认知表现会显著下降，包括信息处理能力、学习效率和任务完成质量。

注意力的选择性涉及我们如何在众多信息中筛选出对我们的目标来说至关重要的部分。这种选择性是受到我们有限的注意力资源所驱动的。在执行任务时，我们倾向于将注意力集中在目标上，而对使用的工具或手段给予较少的关注。这种模式在日常生活中非常普遍，如当我们专注于阅读书籍时，很少会注意到手中的书或翻页的动作。

这种选择性注意力的一个直接后果是，我们可能会经历所谓的"非注意盲视"，即当我们全神贯注于某项任务时，可能会忽略环境中的其他显著事件。例如，心理学家丹尼尔·西蒙斯（Daniel Simons）和克里斯托弗·查布里斯（Christopher Chabris）进行的"看不见的大猩猩"实验中，当参与者专注于计算篮球队传球次数时，他们中的许多人都没有注意到一个穿着大猩猩服装的人走进球场并捶胸。这表明，当我们的注意力高度集中在任务上时，我们可能会忽略其他重要的视觉信息。

3. 格式塔原理在界面设计中的应用

格式塔原理是理解人类视觉感知的重要工具，它解释了我们如何将复杂的视觉场景组织成有意义的整体。以下是几个主要的格式塔原理及其在界面设计中的应用。

（1）近似性原则，靠近的元素倾向于被认为是一组。在设计导航菜单时，我们可以将相关的菜单项放在一起，使用户能够更容易地理解它们的关系。

（2）相似性原则，相似的元素倾向于被认为是一组。在设计图标时，我们可以让功能相似的操作使用相似的颜色或形状，帮助用户快速识别相关功能。

（3）连续性原则，我们的视觉系统倾向于沿着最平滑的路径感知元素。在设计信息流时，我们可以使用线条或箭头来引导用户的视线，帮助他们理解信息的逻辑顺序。

（4）闭合性原则，我们的大脑倾向于将不完整的形状视为完整的形状。对于加载图标的设计，我们可以使用不完整的圆形来暗示正在进行的过程，用户的大脑会自动将其视为一个完整的圆。

（5）图形/背景原则，我们的视觉系统会自动将视觉场景分为前景（图形）和背景。当设计按钮或其他可交互元素时，我们可以使用阴影或高亮效果来使这些元素从背景中"弹出"，增加其可见性和可点击性。

理解和应用这些原理可以帮助设计师创造出更直观、更易用的界面，减轻用户的认知负担，提高用户体验。

4. 环境因素对注意力的影响

环境因素对我们的注意力有着显著的影响。我们所处的环境充满了各种刺激，但我们的注意力和记忆能力有限，因此我们只能关注与我们目标相关的信息。这种过滤过程可能会导致"变化盲视"，即我们可能无法注意到环境中的变化，尤其是当我们的注意力集中在特定任务上时。环境因素包括但不限于物理布局、光线、噪声、温度、颜色、人群密度等，所有这些都可能对我们的注意力集中度和效率产生显著影响。

环境心理学认为，环境设计应该促进而不是干扰注意力的集中。这些策略虽然在大多数情况下能够帮助我们有效地理解周围的世界，但它们也可能导致一些视觉上的偏差和错误。缪勒-莱尔错觉就是这种偏差的一个例子，它表明我们的视觉系统有时会基于某些视觉线索做出快速但不准确的判断：想象两条等长的直线，每条线的两端都附有箭头形状的“翅”。对于其中的一条线，这些“翅”是向外延伸的，而对于另一条线，它们则是向内汇聚的。尽管实际上这两条线的长度完全相同，但当我们观察它们时，却往往会感觉到带有向外延伸“翅”的直线比另一条直线显得更长（图 6-1）。

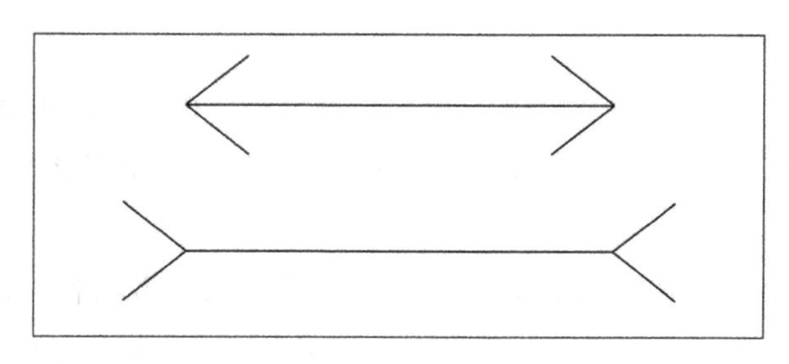

图 6-1　缪勒-莱尔错觉示意图

这种错觉是在 1889 年由德国生理学家缪勒-莱尔（Müller-Lyer）提出的。这种错觉的存在揭示了我们的视觉感知系统并非总是以精确和最优的方式运作。视觉系统是在长期的进化过程中形成的，它的发展并非一个完全有序和有计划的过程，而是一个不断适应和调整的过程。在这个过程中，视觉系统可能采用了一些快速但并非总是准确的策略来处理视觉信息。

由此可见，我们的感知系统并非完美无缺。它们是进化过程中形成的复杂机制，虽然在大多数情况下能够正常工作，但在特定条件下也可能会产生误导性的感知。这些错觉的存在不仅为我们提供了对人类感知机制更深层次的理解，也激发了我们对视觉感知研究的持续兴趣。

6.1.3　认知负荷与视觉设计优化

认知负荷理论是由澳大利亚教育心理学家约翰·斯威勒（John Sweller）提出的一个重要理论框架，它解释了人类在处理复杂信息时的认知过程和限制。这一理论对视觉设计有着深远的影响，特别是在界面设计领域。认知负荷理论指出，人类的工作记忆容量有限，当处理的信息量超过这一容量时，学习效率和任务表现会显著下降。应用于视觉设计时，降低用户的认知负荷成为提升用户体验的关键策略。

1. 认知负荷的类型

认知负荷理论将认知负荷分为三种类型：

（1）内在认知负荷（Intrinsic Cognitive Load）源于任务本身的复杂性，是无法通过设计优化完全消除的。例如，理解一个复杂的数据可视化图表所需的努力。

（2）外在认知负荷（Extraneous Cognitive Load）由信息的呈现方式导致，是可以通过优化设计减少的。例如，混乱的界面布局或不必要的视觉元素会增加外在认知负荷。

（3）关联认知负荷（Germane Cognitive Load）与信息处理和知识构建相关，是有益的认知负荷。例如，用户将新信息与已有知识联系起来所需的心理努力。

在视觉设计中，目标是最小化外在认知负荷，管理内在认知负荷，并促进相关认知负荷，从而优化用户的认知资源分配。

2. 视觉设计优化策略

基于认知负荷理论，以下策略可有效地优化视觉设计：

（1）信息分块。将复杂信息分解为更小、更易理解的单元，有助于更好地处理和存储信息。例如，将长表单分成逻辑相关的部分，或将复杂流程分解为清晰的步骤，可以显著减轻用户的认知负荷。

（2）渐进式揭示。逐步呈现信息，避免一次性展示过多内容，这有助于避免工作记忆过载。例如，使用折叠面板或分步指南，让用户能够控制信息获取的节奏，根据自己的理解程度逐步接收更多内容。

（3）视觉层次。使用颜色、大小、位置等视觉元素创建清晰的信息层次，帮助用户理解界面的组织结构。强调重要信息，弱化次要内容，引导用户注意力流向关键区域，这种结构化的呈现方式减轻了用户识别关键信息的认知负担。

（4）一致性设计。保持界面元素的一致性，减轻用户学习新模式的负担，有助于用户更快地处理信息。当用户可以依赖已建立的心智模型时，他们能够更加自动化地与界面交互，从而释放认知资源用于处理新信息。

3. 视觉辅助方法

为了更有效地应用认知负荷理论，设计师可以利用各种视觉辅助方法进行设计。

（1）模式和比喻。利用用户已有的知识和经验，通过熟悉的视觉模式和比喻来呈现新概念。例如，使用文件夹图标表示文件管理功能，利用用户对现实世界文件夹的理解，减轻学习新概念的认知负担。

（2）视觉提示。使用图标、颜色编码和微动效等视觉提示，引导用户注意并理解关键功能。例如，将相关功能用相同的颜色标记，或使用微妙的动画指示可交互元素，这些提示可以减轻用户识别和理解界面功能的认知负荷。

（3）负空间的有效运用。合理使用空白区域，避免视觉拥挤，让界面“呼吸”。适当的空间分隔有助于创建视觉分组，让用户更容易感知信息结构，减少处理混乱布局的认知努力。

（4）简化视觉表现。移除非必要的装饰性元素，专注于功能和内容的清晰传达。

遵循“少即是多”的设计原则，每个视觉元素都服务于特定目的，避免纯粹装饰性的复杂视觉效果分散用户注意力。

4．应用案例

认知负荷理论在多个设计领域有着广泛应用。以移动应用界面设计为例，通过简化导航结构、采用标准化的交互模式、优先展示核心功能，并使用渐进式揭示来处理复杂功能，设计师可以显著减轻用户的认知负荷，提升整体用户体验。

在数据可视化领域，通过仔细选择图表类型、使用一致的颜色编码、添加清晰的标签，以及提供适当的筛选和缩放工具，设计师可以帮助用户更有效地理解和分析复杂数据，减轻数据解读的认知负担。

认知负荷理论为视觉设计提供了科学的理论基础，指导设计师创建既美观又易于使用的界面。通过理解人类认知处理的限制和特性，设计师可以优化视觉元素的组织和呈现，减少不必要的认知负担，提升用户的信息处理效率和整体体验。在日益复杂的数字环境中，基于认知负荷理论的设计策略变得尤为重要，它们帮助用户更轻松地导航、理解和使用各类数字产品。

6.2　色彩与布局的交互应用

视觉设计的历史是一段深远且不断演进的旅程，它深刻塑造了我们今天所熟知的现代交互设计。15 世纪到 19 世纪的早期印刷设计时期，排版和版面设计的原则逐渐确立，为后来的设计实践奠定了基础。20 世纪初，包豪斯运动以其功能主义的理念，推动了现代设计的简洁风格。随后，20 世纪中期的瑞士国际主义风格，通过网格系统和无衬线字体的使用，进一步推动了设计的规范化和国际化。到了 20 世纪末，随着数字革命的到来，界面设计开始适应屏幕显示的需求，为数字时代的设计铺平了道路。21 世纪初，扁平化设计以其简化的视觉元素，适应了移动设备的普及，为用户带来了更为直观和便捷的体验。接着，响应式设计应运而生，强调了跨设备的一致性体验，使得设计能够灵活适应不同的屏幕尺寸。而现在，随着沉浸式设计的发展，设计领域正将触角延伸到 VR、AR 等新兴平台，为用户带来更加沉浸和互动的体验。这一演进过程有助于我们理解当前设计趋势的来源，并预见其未来的发展方向。

色彩是视觉设计中不可或缺的元素，它通过视觉感知影响人们的情绪和心理状态。在交互设计中，色彩的运用不仅是为了美观，更是一种强有力的沟通工具。理解色彩的属性和它们如何影响用户的心理是设计成功的关键。界面布局可以创造出既美观又实用的交互界面，从而提升用户的整体体验。下面我们将探讨色彩理论的基础知识，并分析不同色彩和布局如何影响用户的心理反应和用户体验。

6.2.1 色彩理论基础

1. 色彩的属性

色彩理论是研究色彩属性、色彩关系以及色彩在视觉艺术中的应用的学科。色彩有三个基本属性：色相、饱和度和明度。

色相（Hue）是色彩的名称，如红、蓝、绿等，它是色彩的主要特征。

饱和度（Saturation）描述色彩的纯度，即色彩的强度或鲜艳程度。高饱和度的色彩更为生动和吸引人，而低饱和度的色彩则显得更柔和、更灰暗。

明度（Brightness）是色彩的亮度，它决定了色彩在明暗上的感知。高明度的色彩看起来更亮，而低明度的色彩则显得更暗。

2. 色彩与心理影响

色彩能够激发特定的情绪和心理反应。设计师需要了解色彩的心理影响，以便在设计中有效地使用色彩。

红色通常与激情、能量、危险相关联，能够吸引注意力，但过度使用可能会引起紧张或焦虑。

蓝色被视为平静、稳定、信任的颜色，常用于金融机构和与健康相关的设计中。

绿色与自然、生长、和谐有关，能够带来放松和安全的感觉。

黄色是快乐和活力的象征，但同时也可能与警告相关联。

在设计冥想应用时，我们常使用深蓝色和紫色的渐变，这些色彩通常与放松、冥想和精神联系在一起，有助于用户进入冥想状态。而当设计健康应用时，我们常使用绿色来传达健康、生长和平静的感觉。绿色与自然和健康紧密相关，这有助于用户在进行健康检查或记录时感到放松。设计在线教育平台的界面时，我们常选择蓝色作为主色调，因为它与智慧、专业和信任相关联；同时，我们使用黄色作为强调色，以吸引用户注意课程的优惠信息，黄色的活力和积极性还可以激发用户的好奇心和参与感。

色彩在交互设计中的应用不仅关乎美观，更关乎功能性和信息传递。例如，在设计电子商务网站时，我们常使用红色来标记折扣和特别优惠，因为红色能够迅速吸引用户的注意力，并激发购买欲望。

色彩的实用性体现在帮助用户快速识别和区分界面元素等方面。例如，设计财务管理应用时，我们使用不同的色彩来区分不同类型的交易，如绿色代表收入，红色代表支出，这有助于用户快速了解自己的财务状况。

3. 无障碍色彩设计

在追求视觉美感的同时，设计师还需要考虑到所有潜在用户的需求，包括视觉障碍者。无障碍设计不仅是一种道德责任，还是许多国家法律的要求。下面探讨如何在保持设计美观的同时，确保界面对所有用户都是可访问的。

色盲和色弱是常见的视觉障碍。据统计，全球约8%的男性和0.5%的女性存在某种形式的色觉缺陷，主要类型包括红绿色盲（最常见）、蓝黄色盲、全色盲（极罕见）。了解这些类型有助于我们在设计时做出更好的决策。

为了创建既美观又具有普遍可访问性的界面，我们可以遵循以下色彩设计原则和策略：

（1）不仅仅依赖颜色传达信息，而是可以使用多种视觉元素组合传达信息。除了颜色，还可以使用形状、图案、文字标签等。例如，在图表中，除了用不同颜色区分数据，还可以使用不同的线条样式或添加文字标签。

（2）保证充足的对比度，确保前景（如文字）和背景之间有足够的亮度对比。遵循Web内容可访问性指南（WCAG）2.1标准，正常文本的对比度至少应达到4.5∶1，大号文本应达到3∶1。可使用对比度检查工具进行验证。

（3）谨慎使用特定颜色组合，避免仅依赖难以区分的颜色组合来传递重要信息。特别注意红色和绿色的组合，这是最常见的色盲患者难以区分的颜色。可以考虑使用蓝色和橙色等更容易区分的组合。

（4）提供自定义选项，允许用户根据自己的需求调整界面。可提供高对比度模式，允许用户更改色彩主题或字体大小的选项。

（5）使用辅助技术友好的设计，确保设计与屏幕阅读器等辅助技术兼容。可使用语义化HTML，为图像提供替代文本，确保所有可交互元素可以通过键盘访问。

4．色彩搭配原则

色彩搭配是设计中的一项重要技能，它涉及如何将不同的色彩组合在一起，以创造出和谐、吸引人的视觉效果（图6-1）。

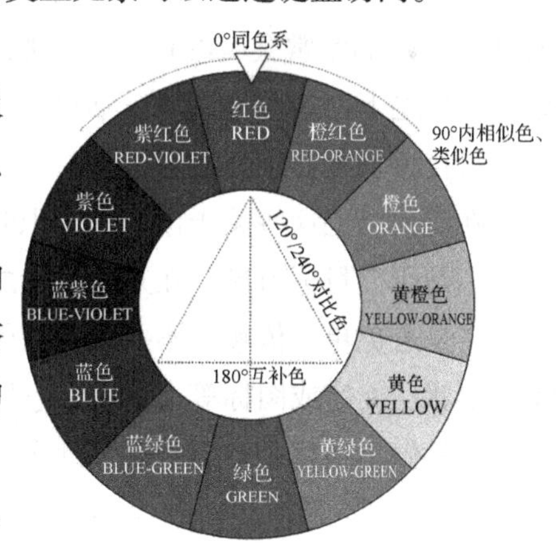

图6-1 色轮

（1）单色搭配，使用同一色相的不同明度和饱和度，创造出统一而优雅的视觉效果。这种搭配简单且易于实现，适合需要专业或平静氛围的设计。

（2）类似色搭配，使用色轮上相邻的色彩，它们之间有着自然的和谐感。这种搭配能够带来流畅和舒适的视觉体验，适合创造轻松或自然的环境。

（3）对比色搭配，使用色轮上相对位置的色彩，如红与绿、蓝与橙，它们之间的对比强烈，能够吸引视觉注意力。这种搭配适用于需要强调或突出特定元素的设计。

（4）分裂互补色搭配，是对比色搭配的一种变体，它使用一个色彩和它在色轮上相邻的色彩的互补色。这种搭配提供了更多的色彩变化，同时保持了对比和活力。

(5) 三角色搭配，使用色轮上等距离的三种色彩，它们共同创造出平衡和动态的视觉效果。这种搭配适合需要活力和多样性的设计。

5. **色彩的文化差异**

在设计全球化产品时，了解色彩在不同文化中的象征意义至关重要。某种色彩可能在一种文化中代表积极含义，而在另一种文化中却具有负面含义。这种差异可能源于历史、宗教、传统或社会习俗等多种因素。作为设计师，我们必须对这些文化差异保持敏感，以避免无意中传达错误的信息或引起不适当的联想。一些色彩在不同文化中的差异如表 6-1 所示。

表 6-1 色彩的文化差异

颜色	西方文化	东亚文化	中东文化	印度文化
红色	激情、危险、停止	喜庆、好运、繁荣	危险、邪恶	纯洁、生育、婚姻
白色	纯洁、婚礼、和平	哀悼、死亡、纯洁	纯洁、和平	哀悼、纯洁
黑色	哀悼、庄重、神秘	中性、力量	哀悼、神秘	邪恶、不吉利
绿色	自然、环保、成长	健康、和平、自然	伊斯兰教、生育	和谐、生育
蓝色	平静、信任、男性	治愈、长生	保护、男性	神性、力量
黄色	欢乐、警告、懦弱	皇权、高贵	幸福、繁荣	商业、和平
紫色	高贵、创意、神秘	高贵、财富	神秘、财富	悲伤、舒适

苹果公司在其全球化战略中就充分考虑了色彩的文化差异。例如，在中国市场推出的 iPhone 产品常常会有红色或金色版本，因为这些颜色在中国文化中象征着好运和繁荣。相比之下，在西方市场，苹果更倾向于使用银色、深空灰等中性色调，这些颜色给人以科技感和专业感。

在应用以上这些关于色彩的知识时，设计师应该注意以下几点：

一是研究目标市场。在开始设计之前，深入研究目标市场的文化背景和色彩偏好。

二是避免单一依赖。不要仅仅依赖颜色来传达重要信息，而要同时使用其他视觉元素如形状、文字或图标等来传达信息。

三是做本地化调整。为不同地区的用户提供颜色定制选项，或根据地区调整产品的颜色方案。

四是做好文化敏感性测试。在产品发布前，邀请来自目标文化的用户进行测试，获取他们对色彩使用的反馈。

五是持续学习。文化是动态的，色彩的含义可能随时间而变化，设计师要保持对文化趋势的关注和学习。

6.2.2 界面布局的设计

布局是组织内容和界面元素的基础框架，它直接影响用户的导航和交互体验。下面将探讨网格系统、布局结构、响应式设计和适应性布局等关键概念。

1. 网格系统与布局结构

网格系统是交互设计中布局的基石，它通过在页面上构建一个由行和列组成的框架来组织内容，确保设计的一致性和有序性。这种系统不仅为设计师提供了清晰的工作指导，还通过模块化的方式，使得内容的排列和调整变得灵活而高效。设计师可以利用网格系统来对齐元素，实现视觉平衡，同时引导用户的视线，形成流畅的视觉路径。

布局结构则是网格系统的具体应用，它决定了用户如何浏览和理解信息。一个有效的布局结构应该能够清晰地展示信息的层次关系，使用户能够迅速识别出页面上的主要和次要内容。这种结构通常通过大小、颜色、间距等视觉手段来区分不同的信息层级，同时利用空白来增强可读性和减少视觉干扰。图6-2为京东网格布局系统。

图6-2　京东网格布局系统

在设计布局时，设计师需要考虑如何通过网格系统来引导用户的视线和注意力，从而实现信息的有效传递。一个常见的做法是将最重要的内容或操作放在页面的顶部或中心位置，利用网格系统来确保这些元素的突出和易访问性。同时，布局结构还需要考虑用户的阅读习惯和操作流程，通过合理的分组和对齐来帮助用户快速找到所需信息。

此外，布局设计还应该考虑到不同设备和屏幕尺寸的适应性。虽然网格系统提供了灵活性，但设计师仍需确保布局在不同环境下都能保持其功能性和美观性。这可能涉及对网格系统的调整，或者使用更高级的布局技术来满足更复杂的设计需求。

2. 响应式设计与适应性布局

响应式设计与适应性布局是现代网页设计中的重要概念，它们共同确保用户在不同的设备上都能获得优质的体验。

响应式设计是一种使网页能够自动适应不同屏幕尺寸和分辨率的设计方法。它通过使用 HTML、CSS 和 JavaScript 等技术，使得一套代码能适配不同的设备，无论是桌面电脑、平板还是手机，都能够提供一致的用户体验。响应式设计的核心是媒体查询，它允许根据不同的屏幕尺寸和分辨率应用不同的样式规则，从而适配不同的设备。

适应性布局则是一种更为主动的设计方法，它根据用户的特定需求和使用环境来调整布局。这种布局可以根据用户的行为、偏好以及设备特性来提供个性化的体验。适应性布局通常涉及用户定制、环境感知和情境感知，能够根据光线条件、声音水平、位置信息以及用户的使用情境（如驾驶、行走或休息）来调整显示和交互方式。

在实现响应式设计时，设计师通常会采用流体网格布局，使用相对单位和弹性布局，使得页面元素能够根据屏幕尺寸自动调整大小和位置，确保显示界面在不同设备上都可以正确显示和缩放。此外，渐进增强和优雅降级的原则也被应用于响应式设计中，从基本功能开始构建网页，逐步增加和改进功能，确保在不支持某些特性的设备上也能够正常访问和使用。

适应性布局则更进一步，它通过动态调整根元素的字体大小来实现不同屏幕尺寸的适配。例如，使用 rem 单位可以使得字体大小随着屏幕大小的变化而变化，从而实现更自然的布局适配。适应性布局还涉及对不同设备像素比的考虑，以确保在高分辨率屏幕上的清晰显示。

总之，响应式设计与适应性布局是构建现代多设备兼容网站的关键技术。它们通过灵活的布局、智能的图片处理和对用户环境的适应，为用户提供了一致且愉悦的体验。

3. 界面布局的基本原则

进一步地，我们可以将界面布局的基本原则归纳为以下八个方面：

（1）平衡（Balance）。平衡是指在设计中实现视觉元素的均匀分布，避免某些部分显得过于拥挤或空旷。平衡可以是对称的，也可以是不对称的，关键是要创造出一种稳定和协调的感觉。如在设计新闻网站时，我们使用对称布局来平衡标题、图片和文章内容，同时在侧边栏提供相关链接和广告，以实现不对称平衡，引导用户的视线流动。

（2）对比（Contrast）。对比是指通过颜色、大小、形状或纹理的差异来突出某些元素，使其更加突出或易于区分。对比有助于引导用户的注意力，并区分不同的信息层级。在设计电子商务产品页面时，我们使用大号字体和醒目的颜色来突出产品名称和价格，同时使用较小的字体和较淡的颜色来展示产品描述，以增强信息的层次感。

（3）对齐（Alignment）。对齐是指将元素沿着共同的边缘或中心线排列，以创建清晰的视觉路径和组织结构。对齐有助于减少混乱，使用户更容易了解界面的结构。在设计简历编辑器时，我们可以让所有的文本块、列表和段落都沿着左边界对齐，以创建整洁和专业的布局。

(4) 亲密性（Proximity）。亲密性是指将功能或概念相关的元素在视觉上放置得彼此靠近，以表明它们之间的关联性。当元素被放置在一起时，用户会自然地将它们视为一个整体或一个相关的功能组；相反，当元素之间的距离增加时，用户会认为它们不相关或属于不同的功能组。这种空间关系的设计帮助用户直观地理解界面的组织结构。例如，在设计旅行预订网站时，我们可以将日期选择器、目的地输入框和搜索按钮紧密地排列在一起，形成一个视觉单元，清晰地传达这些元素共同构成搜索功能。这种视觉分组使用户能够快速识别完成特定任务所需的相关元素，减轻界面理解的认知负担，提高用户体验的流畅性。

(5) 层次（Hierarchy）。层次是指在设计中为了明确元素的重要性，通过大小、颜色、位置等手段来区分不同级别的信息。良好的层次结构可以帮助用户快速识别关键信息。如在设计在线课程平台时，我们使用较大的字体和醒目的颜色来展示课程标题，使用较小的字体来展示课程描述，以突出课程的主要内容。

(6) 空白（White Space）。空白或称为负空间，是指设计中未被元素占据的空间。恰当的空白可以提高可读性，减少视觉疲劳，并强调重要的内容。例如，在设计移动应用的用户界面时，我们在按钮、图标和文本周围留有足够的空白，以确保界面不会显得过于拥挤，同时突出关键操作。

(7) 一致性（Consistency）。一致性是指在整个设计中保持元素的风格、大小和间距的统一。一致性有助于建立品牌识别度，并使用户更容易学习和适应界面。如在设计企业级软件的用户界面时，我们要确保所有的按钮、输入框和菜单都遵循相同的设计风格和交互模式，以提供一致的用户体验。

(8) 交互流畅性（Interaction Fluency）。布局设计不仅要考虑静态的视觉效果，还要考虑用户的交互流程。良好的布局设计应该能够自然地引导用户完成操作任务，减轻认知负担。例如，在设计电子商务应用时，我们可以通过布局设计来引导用户从浏览商品、添加购物车到完成结账的整个过程。将相关的操作按钮放置在用户视线的自然流向上，使用醒目的颜色和适当的大小来突出关键的操作按钮，都可以提高交互效率。

4. 新兴技术中的布局设计

随着 VR 和 AR 技术的发展，界面布局设计面临新的挑战和机遇。

(1) VR 界面设计。在虚拟现实环境中，设计师需要考虑 360 度的空间布局。信息应该分布在用户视野的舒适区域内，避免颈部疲劳。例如，重要信息可以放置在用户视线的中心区域，而次要信息可以分布在周围。

(2) AR 界面设计。增强现实技术要求界面元素能够与现实环境无缝融合。设计师需要考虑如何在不同的背景下保持信息的可读性，同时不干扰用户对现实世界的感知。

例如，可以使用半透明背景或动态调整对比度的技术来适应不同的环境光线。

6.2.3 色彩与布局设计工具

现代设计师有多种工具可以辅助色彩与布局设计过程。

色彩选择工具中，Adobe Color CC 是 Adobe 公司推出的一款强大的在线色彩工具。它不仅提供了创建配色方案的功能，还有一个活跃的用户社区，可以分享和探索其他设计师创建的配色。Adobe Color CC 的一大特点是它能够从图片中提取配色，这对于基于特定图像或场景创建设计非常有用。Paletton 提供了更高级的色彩理论应用。它允许用户基于色轮选择不同的配色方案，如单色、互补色、三色组等。对于希望深入了解色彩理论并在实践中应用的设计师来说，这是一个很好的工具。

布局设计工具中，Sketch 是专业的界面设计软件，提供强大的布局功能。Figma 是基于云的协作设计工具，支持响应式设计。Adobe XD 是一款全能型设计工具，集成了设计、原型制作和协作功能。它的优势在于与其他 Adobe 软件的无缝集成，以及强大的动画和交互设计功能。对于需要创建高保真原型的项目来说，Adobe XD 是一个理想的选择。

原型设计工具中，InVision 允许设计师创建交互式原型，测试布局和色彩效果，Adobe XD 则集成了设计和原型制作功能。

还有一些辅助工具，如 Gridulator 能够帮助设计师快速创建自定义网格系统，Contrast Checker 可以检查文本和背景色彩对比度是否符合可访问性标准。

这些工具不仅可以提高设计效率，还能帮助设计师更好地实现和验证其创意概念。

6.2.4 色彩与布局的综合应用

1. 色彩与布局在界面设计中的协调

在界面设计中，色彩与布局的协调是构建视觉层次、引导用户行为和提升整体美感的关键因素。这种协调不仅涉及美学上的和谐，还关系到功能和用户体验的优化。

(1) 色彩的引导作用。设计师通过使用不同的色彩，可以引导用户的视线，突出重要的按钮或链接，或者在视觉上区分不同的信息区块。例如，行动号召（Call to Action，CTA）按钮通常会使用明亮的颜色，以区别于页面的其他部分，使用户能够迅速识别并采取行动。

(2) 布局的空间感。布局设计需要考虑空间的利用，包括元素之间的距离、对齐方式和整体的平衡感。合理的空间布局可以提高界面的可读性和易用性，同时减轻用户的认知负担。空白的恰当使用可以提升设计的整体美感，使内容更加聚焦。

(3) 色彩与布局的相互作用。色彩与布局在设计中是相互影响的。一个平衡的布局可以强化色彩的视觉效果，而恰当的色彩搭配又能够增强布局的清晰度和吸引力。设计师需要考虑色彩的对比度和饱和度，以及它们如何在不同的布局结构中发挥作用。

（4）视觉层次的构建。通过色彩和布局的综合运用，设计师可以构建清晰的视觉层次。例如，使用不同的背景色彩或纹理来区分不同的内容区域，或者通过调整元素的大小和间距来突出关键信息。这种层次性的构建有助于用户快速理解界面结构和操作流程。

（5）响应式设计的考虑。在响应式设计中，色彩和布局的协调尤为重要。设计师需要确保在不同设备和屏幕尺寸上，色彩和布局都能够保持一致性和协调性。这可能涉及调整色彩方案以适应不同的显示技术，或者重新组织布局以优化小屏幕上的用户体验。

（6）品牌一致性的维护。色彩与布局的协调还需要考虑品牌的一致性。品牌的色彩和视觉风格应该在所有的界面和交互中得到体现。这不仅有助于增加品牌识别度，也能够在不同的界面和情境中提供连贯的用户体验。

（7）用户测试和反馈。色彩与布局的协调效果需要通过用户测试来验证。设计师应该收集用户反馈，了解他们对色彩和布局的感受，以及它们是否能够有效地支持用户的交互和任务完成。通过迭代和优化，设计师可以不断提升界面的视觉吸引力和功能性。

2. 成功的色彩与布局设计实例

在界面设计中，色彩与布局的综合应用是构建视觉层次、引导用户行为和提升整体美感的关键。以下是一些成功的色彩与布局设计案例及其分析，它们展示了色彩与布局如何协调工作，创造出吸引人且功能性强的界面。

（1）电子商务平台设计。以亚马逊（Amazon）为例，其页面布局采用清晰的网格系统，商品信息和图片整齐排列，易于用户浏览和搜索。亚马逊使用橙色作为其品牌色彩，这一色彩在视觉上传达出活力和友好，同时与中性的灰色背景形成鲜明对比，突出了行动号召按钮和关键信息。

（2）社交媒体应用设计。中国的社交媒体应用通常注重用户互动和内容分享的便捷性。例如，微信作为一个多功能社交平台，其界面设计简洁直观，使用蓝色作为品牌色彩，传递出信任和效率的信息。微信的聊天界面布局清晰，将联系人列表、聊天窗口和发现功能有序地组织在一起，便于用户快速浏览和切换。

（3）金融应用设计。支付宝的界面设计采用了蓝色作为主色调，传递出信任和安全的品牌信息。布局上，支付宝使用清晰的标签栏和导航栏，帮助用户快速找到所需服务。在色彩与布局的协调上，支付宝在关键操作区域使用蓝色高亮显示，而在次要信息上使用更柔和的灰色，确保界面的清晰度和易用性。

（4）新闻阅读应用设计。在新闻传播领域，澎湃新闻的网页设计提供了一个优秀的案例。澎湃新闻的网站采用了现代化的设计风格，以图片作为主要视觉元素，通过卡片式布局展示新闻内容，这种设计不仅提高了点击率，也使得网站看起来更加生动和具有吸引力。此外，澎湃新闻的网站在导航设计上采用了二级菜单形式，使得首页导航模块在视觉上更为简洁和清晰。

（5）民宿预订应用设计。Airbnb 的界面设计以其温馨的色彩和友好的布局著称。Airbnb 使用浅灰色背景，配合柔和的蓝色和绿色调，传达出舒适和欢迎的感觉。布局上，Airbnb 采用卡片式设计展示住宿信息，每张卡片都包含吸引人的图片和必要的文字信息，色彩与布局的协调使用能帮助用户快速浏览和选择心仪的住宿地。

（6）操作系统界面设计。Apple 的 iOS 界面设计以简洁、直观的风格著称。iOS 使用扁平化设计，采用明亮的色彩和大量留白，创造出清新、现代的视觉效果。例如，iOS 的控制中心使用半透明背景和简洁的图标，既保持了与底层内容的视觉连续性，又清晰地区分了功能区域。

（7）Google 的 Material Design。Google 的 Material Design 是一套完整的设计语言，强调使用栅格系统、响应式动画和过渡效果。其色彩系统包含主色、辅助色和强调色，通过不同的明度和饱和度变化来创建丰富的色彩层次。例如，Google 日历应用使用蓝色作为主色调，配合白色背景和彩色事件标记，既保持了界面的整洁，又突出了重要信息。

通过这些案例及其分析，我们可以看到色彩与布局在界面设计中的综合应用是如何帮助提升用户体验、传达品牌信息并实现商业目标的。设计师需要综合考虑色彩的情感影响、布局的功能性和美学要求、设计的响应性以及品牌的一致性，以设计出既美观又实用的作品。

6.3 图标与符号设计

在探讨了色彩与布局的交互应用之后，我们现在将注意力转向另一个同样重要的视觉设计元素：图标与符号。图标设计是连接视觉美学和功能性的关键桥梁，它不仅需要考虑色彩和布局原则，还要融合符号学和认知心理学的理论。在本节中，我们将深入探讨图标设计的基本原则、符号学特性以及实际应用。这些知识将帮助设计师创造出既美观又实用的图标，为界面设计增添活力，提高界面设计的效率。

6.3.1 图标设计的原则

图标设计是界面设计中至关重要的一环。优秀的图标不仅能够美化界面，更能有效地传达信息，指引用户行为，提升整体用户体验。在开始设计之前，了解并掌握图标设计核心原则是至关重要的。这些原则将指导设计师创造出既美观又实用的图标，确保它们能够有效地服务于用户和产品。

下面详细探讨图标设计的五个关键原则：识别性与直观性、一致性与系统性、简洁性、可扩展性以及可访问性。这些原则相互关联，共同构成了优秀图标设计的基础。

1. 识别性与直观性

图标识别性与直观性是确保用户界面友好和易用的基础。这两个原则共同提升图标的可理解性，使用户能够迅速且准确地识别图标所代表的功能或含义。

（1）识别性。识别性是指图标能够被用户立即识别的程度。高识别性的图标即便在没有文字说明的情况下，也能让用户直观地理解其所表达的功能或概念。Apple 的 APP Store 图标使用了一个由三个笔画组成的“A”字形。这个设计简洁明了，即使在小尺寸下也容易识别。蓝色背景和白色前景的强烈对比进一步增强了图标的识别性。

提高图标设计识别性的方法：选择广为人知的图形符号；避免歧义，确保图标传达的信息明确无误；去除多余细节，以最简洁的形式呈现。

（2）直观性。直观性是指图标能直观地传达其功能或操作。直观的图标设计使用户在看到图标时能够立即联想到其对应的动作或结果。Google 的 Material Design 使用三条水平线（俗称“汉堡菜单”）作为菜单图标，这个设计直观地暗示了隐藏内容的存在，用户可以很容易理解点击后会展开更多选项。

提高图标设计直观性的方法：模仿现实世界中的对象或动作；使用隐喻或比喻来设计图标；通过用户测试验证图标的直观性。

2. 一致性与系统性

一致性与系统性确保图标在视觉和功能上形成统一整体，从而提升用户体验和品牌标识。Microsoft Office 的图标系列展现了优秀的一致性和系统性。每个应用程序图标都采用了相似的设计语言，使用简单的几何形状和渐变色，同时又保留了每个应用的特色，如 Word 使用蓝色和“W”字母，Excel 使用绿色和“X”字母。这种设计既保持了整体的一致性，又让每个图标都易于识别。

实现图标设计一致性与系统性的方法：建立统一的视觉风格，包括线条粗细、角度、颜色饱和度等；使用网格系统确保尺寸和比例的一致性；构建有序的图标库，包含设计规范和使用指南；确保图标设计能够适应产品的视觉语言并随之发展。

3. 简洁性

简洁性要求图标设计简单明了，避免不必要的复杂元素，以确保图标在各种尺寸和分辨率下都清晰可辨。Twitter 的标识从最初的详细的小鸟图案逐渐简化为现在的简洁轮廓，这个演变过程体现了图标设计简洁性原则的重要性。现在的标识更加容易识别，并且在各种尺寸和背景下都能保持清晰。

实现图标设计简洁性的方法：去除非必要的细节，保留最具代表性的元素；使用简单的几何形状作为设计基础；在小尺寸下测试图标的可识别性；注重负空间的使用，让设计更加简洁有力。

4. **可扩展性**

可扩展性是指图标设计能够适应不同的尺寸、分辨率和使用环境，同时保持其清晰度和可识别性。微信的“赞”图标（心形）是可扩展性的典范。这个图标无论是在移动设备的小屏幕上，还是在大尺寸显示器上，都能保持其清晰度和可识别性。同时，它也能轻松地融入不同的设计风格和颜色方案中。

实现图标设计可扩展性的方法：使用矢量图形设计图标，确保在任何尺寸下都不失真；创建图标的多个版本，适应不同的使用场景；在设计过程中考虑图标在不同背景下和不同颜色方案中的表现；确保图标在单色版本下仍然清晰可辨。

5. **可访问性**

可访问性确保图标设计能够被所有用户群体理解和使用，包括视力障碍者。Google的 Material Design 图标系统在设计时考虑了可访问性，如其警告图标不仅依赖于颜色来传达信息，还使用了形状（感叹号）来增强可识别性，确保即使是色盲用户也能理解图标的含义。

提高图标设计可访问性的方法：确保足够的颜色对比度；不仅依赖颜色，还要使用形状来传达信息；提供替代文本描述；考虑不同文化背景用户的理解能力。

遵循这些设计原则，设计师可以创造出既美观又实用的图标，提升整体用户体验。然而，需要注意的是，这些原则并非绝对的规则，而是指导方针。在实际应用中，设计师需要根据具体的项目需求和目标用户群来灵活运用这些原则，找到最佳的平衡点。

下面我们将深入探讨图标的符号学特性，这将帮助我们更好地理解如何创造出富有意义且易于理解的图标。

6.3.2 图标的符号学特性

图标作为用户界面中的重要视觉元素，其设计不仅关乎美学，更涉及深层的符号学原理。了解图标的符号学特性，有助于设计师创造出更有效、更具普适性的图标，从而提升用户体验。

1. **图标作为符号的本质**

图标本质上是一种视觉符号，它通过简化的图形来表达特定的含义或功能。在符号学中，图标可以被视为由“能指”（图形本身）和“所指”（图标所代表的含义或功能）构成的统一体。例如，一个放大镜图标（能指）通常用来表示“搜索”功能（所指）。

2. **图标的符号学特性**

（1）直观性。直观性是指图标能够被用户快速理解和识别的程度。高度直观的图标往往借鉴了现实世界中的物体或动作，使用户能够基于已有经验迅速理解其含义。例如，使用信封图标表示“邮件”功能，使用垃圾桶图标表示“删除”操作。

设计注意事项：选择与功能高度相关的视觉隐喻；避免使用过于抽象或晦涩的图形；考虑目标用户群的文化背景和经验。

（2）文化差异性。对图标的理解和接受程度可能因文化背景的不同而存在差异。某些在一种文化中被广泛接受的符号，在另一种文化中可能产生歧义或误解。例如，在西方文化中，竖起大拇指通常表示“赞同”或“好”，但在某些中东国家，这个手势可能被视为冒犯。

设计注意事项：进行跨文化用户研究，了解不同文化背景下符号的含义；尽可能使用具有普遍性的图形元素；对于特定市场，考虑本地化设计。

（3）语义演化。随着技术和社会的发展，某些图标的含义可能会随时间而改变或扩展。设计师需要意识到这种演化，并适时更新图标设计。例如，软盘图标曾广泛用于表示“保存”功能，但随着软盘的淘汰，许多设计师开始采用其他图形（如云）来表示数据存储。

设计注意事项：定期评估现有图标的时效性；关注新兴技术和用户行为的变化；在保持一致性的同时，适度创新图标设计。

（4）语境依赖性。图标的含义往往依赖于其使用的具体环境和上下文。相同的图形在不同的应用场景中可能表达不同的含义。例如，放大镜图标在大多数情况下表示“搜索”，但在图像编辑软件中可能表示“缩放”功能。

设计注意事项：考虑图标在特定应用或界面中的具体含义；确保图标与周围的其他元素和整体设计风格协调一致；必要时使用文字标签辅助说明图标含义。

3. 图标的符号类别及应用

每种类别的图标都具有独特的交流目的和使用情境，从而构成了一个高效且直观的导航系统。表 6-2 是对各类图标在应用中的具体作用和设计注意事项的对比介绍。

表 6-2　图标的符号类别及应用

图标类别	定义	示例	设计注意事项
指示性符号	明确指示用户进行特定操作	保存：磁盘/云图标 删除：垃圾桶图标 分享：箭头图标	使用简洁、易识别的图形 确保动作含义清晰 考虑悬停状态的文字提示
描述性符号	描述某个功能或属性	电子邮件：信封图标 设置：齿轮图标 音乐：音符图标	选择最具代表性的图形 保持图形简洁 使用通用性高的符号
警示性符号	警示用户注意风险或问题	警告：感叹号图标 禁止：圆圈加斜线 错误：叉号图标	使用醒目的颜色（如红色） 确保小尺寸下清晰可辨 考虑与文字提示结合

续表

图标类别	定义	示例	设计注意事项
导航性符号	帮助用户在界面中导航	菜单：三条横线图标 主页：房子图标 返回：左箭头图标	保持导航图标的一致性 考虑不同设备的可用性 与整体界面风格协调
装饰性符号	美化界面，增加品牌识别度	品牌标识：简化标识 主题元素：相关图形 背景图案：几何图形	不影响界面可用性 与整体设计风格一致 适度使用，避免过度装饰

通过以上内容的学习，我们已经深入了解了图标设计的核心原则、符号学特性及其在实际设计中的应用。图标设计是一个需要不断实践和反思的过程，它要求设计师既要有创造性思维，又要对用户需求和行为模式有深刻的理解。

6.4 动效设计

在这一节中，我们将探讨动效设计，这是为静态设计元素注入生命力的关键手段。优秀的图标设计结合精心设计的动效，能够创造出更加直观、生动和吸引人的用户界面。动效不仅能增强用户体验，还能进一步强化图标的功能和含义，为用户提供更丰富的视觉反馈。

6.4.1 动效设计概述

动效设计是交互设计中的一个重要组成部分，它通过时间维度的变化来增强用户界面的表达力和交互性。动效不仅是视觉上的装饰，更是提升用户体验、增强操作直观性的关键工具。

1. 动效设计的类型

为了更好地理解动效设计的范畴和应用，我们可以将动效设计分为几个主要类型，每种类型都有其特定的应用场景和设计目的（表6-3）。

表6-3 动效设计的主要类型及应用场景

动效类型	描述	应用场景	设计目的
功能性动效	用于指示系统状态或操作反馈的动画	加载指示器、进度条、提交按钮反馈	提供即时反馈，减轻用户等待焦虑

续表

动效类型	描述	应用场景	设计目的
过渡动效	在界面状态或页面之间切换时的动画	页面切换、弹窗出现、列表展开/收起	创造流畅的用户体验，引导用户注意力
强调动效	突出显示重要信息或操作的动画	新消息提醒、错误警告、成功确认	吸引用户注意力，突出重要信息
叙事动效	用于讲述故事或展示产品特性的动画	产品介绍页、新功能引导、教程动画	加深用户理解，提高信息传达效率
微交互动效	响应用户即时操作的小型动画	按钮点击效果、滑动开关、悬停反馈	增加交互的趣味性，提供即时视觉反馈
装饰性动效	纯粹用于美化界面的动画	背景动画、图标动画、品牌标识动画	增加视觉吸引力，强化品牌形象

表6-3提供的动效设计的系统分类，可以帮助设计师更好地理解不同类型动效的应用场景和设计目的。在实际设计中，这些类型往往会相互结合，创造出更丰富、更有效的用户体验。例如，一个功能性动效（如加载指示器）可能会结合微交互动效（如响应用户触摸），同时还可能包含装饰性元素来体现品牌特色。又如，一个过渡动效可能同时起到强调作用，引导用户注意新出现的重要信息。

理解这些动效类型及其应用，有助于设计师在合适的场景选择恰当的动效，避免过度使用导致界面杂乱或影响性能。同时，这种分类也为动效设计提供了一个评估框架，帮助设计师判断所设计的动效是否达到了预期的目的，是否与整体用户体验相协调。

2．动效设计的目标

动效设计的目标是通过精心策划和执行动画效果，显著提升用户与产品交互时的体验质量。这种设计不仅要增强界面的视觉吸引力和动态表达力，而且要通过符合物理规律和用户预期的动画，提供直观的反馈和引导，使用户的操作更加自然和流畅。动效设计还应该支持产品的叙事和情感层面，通过情感化的设计元素来激发用户的情感反应，增强用户对品牌的情感连接。此外，动效设计需要在不干扰用户主要任务的前提下，巧妙地融入整体设计策略，与产品的功能、目的和用户需求保持一致，从而实现提高用户满意度、忠诚度及推动业务成果取得的终极目标。

3．动效设计的原则

动效设计的原则与目标旨在提升用户体验，增强界面的可理解性、可用性和吸引力。以下是动效设计应遵循的几个关键原则：

（1）必要性。动效设计应服务于界面的功能性和用户体验的提升，避免不必要的装饰性动效，确保动效对于用户操作和理解有实际帮助。

（2）简洁性。动效设计应简洁明了，避免过于复杂或冗长的动画，以免分散用户的注意力。

（3）符合物理运动规律。动效设计应模仿现实世界的物理特性，如惯性、重力等，以符合用户的心理预期和现实经验。

（4）流畅性。动效在执行过程中应保持流畅自然，避免卡顿或跳跃，确保动画的连续性和平滑性。

（5）一致性。在同一产品中，动效的风格和表现应保持一致，以加强品牌识别度和用户体验的统一性。

（6）引导性。动效应具有明确的引导作用，帮助用户理解操作的结果，引导用户关注重要的信息或操作。

（7）适度性。动效的使用应恰到好处，避免过度使用导致用户分心或反感。

6.4.2 动效设计与用户交互

动效设计在用户交互中扮演着至关重要的角色，它通过视觉动态增强用户界面的引导性和反馈性。

1. 动效设计在引导用户注意力中的应用

动效作为一种强有力的视觉工具，可以有效地引导用户的注意力。在界面设计中，动态元素往往首先吸引用户的注意，这是人类进化过程中形成的本能反应。设计师应将动效用在希望用户注意的部分，以引导用户关注关键信息或操作。

轮播动效

动效的展现面积和持续时间是影响用户注意力的两个核心维度。展现面积越大，动效持续时间越长，用户注意力越能够被吸引并持续。例如，在APP的介绍页或官网的产品介绍页中，使用大面积且持续时间较长的动效，可以给用户留下深刻印象。

同时，动效设计应该遵循差异化原则，使用信息错峰方式，以最大化利用注意力。同时，也要考虑到用户的注意力是有限的，避免过度地使用动效导致用户注意力的分散。

2. 动效设计在增强用户操作反馈中的作用

动效设计在增强用户操作反馈方面发挥着至关重要的作用。它通过视觉和听觉的反馈，使用户的操作得到即时且直观的响应，从而提升用户体验的满意度和舒适度。

页面切换时的过渡动画

（1）即时反馈。用户在进行点击、滑动或其他交互操作后，动效设计能够立即提供视觉反馈，如按钮的变色、弹跳或者加载动画的启动，这些都能让用户明白自己的操作已被系统识别和响应。

（2）操作结果的明确性。动效设计通过动画的形式明确地展示操作的结果，无论是操作成功还是需要进一步操作，都能通过动效的变化给用户以清晰的指示。

（3）操作过程的连续性。动效设计能够展示操作的过程，如数据加载的进度条，或者页面切换时的过渡动画，这些都能让用户感受到操作的连续性和流程性。

微信聊天表情动画

（4）增强操作的愉悦感。精心设计的动效能够增加用户操作的愉悦感。例如，当用户完成一项任务后，一个有趣的庆祝动画可以给用户带来满足感。

（5）引导用户进行下一步操作。动效设计不仅能够反馈当前操作的结果，还能够引导用户进行下一步操作，如通过动画指向一个新出现的按钮或链接，引导用户继续交互。

数据加载动画

（6）减少用户等待感知。在数据加载或处理需要时间的情况下，动效设计可以通过动画吸引用户的注意力，减少用户对等待时间的感知，提升用户的耐心度。

（7）提升品牌识别度。动效设计还可以作为品牌识别的一部分，通过独特的动画风格和效果，增强用户对品牌的记忆和识别度。

图标动画

6.4.3 动效设计实践

1. 动效设计的工具与技术

动效设计涉及多种工具和技术，从基础的2D动画软件如Adobe After Effects，到3D建模和动画软件如Blender，再到在线动效制作软件如Animaker和Easil。这些工具使设计师能够创建从简单的过渡效果到复杂的3D动画的各种动效。

Adobe After Effects是业界最常用的动效设计软件，广泛用于创建复杂的动画和视觉效果。它与Adobe Photoshop和Illustrator等其他Adobe软件紧密集成，提供了强大的功能集，包括关键帧动画、粒子效果和动态追踪。

Blender是一个免费的开源3D创作套件，提供全面的3D建模、渲染、动画和视频编辑工具。Blender的灵活性和强大的社区支持使其成为专业和业余设计师的热门选择。

在线动效工具则提供了一种更便捷的方式，它允许用户通过浏览器创建和编辑动画，无须安装复杂的软件。这些工具通常提供模板、预设动画和易于使用的界面，使得即使没有专业动画技能的用户也能快速制作动效。

2. 动效设计的最佳实践

动效设计不仅是为了美观，更重要的是要提供清晰的指示，引导用户操作，并增强用户体验。以下是一些动效设计的最佳实践。

（1）保持简约。动效应该简单直观，避免过度复杂，以免分散用户的注意力。

（2）选择合适的时长和节奏。动效的持续时间应根据其功能和上下文环境来确定，通常以100 ms到300 ms为宜。如果某个动效设计得太快或者太慢，通常以25 ms为单位，进行增速或者减速的调整，直到它达到设计师所预期的效果。

(3) 使用缓动效果。缓动效果可以模拟现实世界中物体的加速和减速，使动画更加自然和流畅。缓动本身描述了动效的加速和减速的速率特征，绝大多数的动效可以直接采用 Material Design 中的标准缓动。

(4) 建立清晰的逻辑关系。动效应该清晰地指示操作的结果，如按钮点击后的反馈或页面转换的指示。

总之，动效设计是一个多维度的实践，需要设计师在创意和技术之间找到平衡，同时不断探索和实践以提升用户体验。通过合理运用动效设计的工具、技术和最佳实践，设计师可以创造出既美观又实用的动效，增强产品的吸引力和市场竞争力。

6.5 视觉设计在多设备环境中的一致性

6.5.1 设备多样性与设计挑战

在数字化时代，用户通过各种设备与数字产品进行交互，这带来了一系列设计挑战。图 6-3 展示的设备多样性要求设计师在视觉设计中考虑到不同设备的特性和用户在不同环境下的使用习惯。

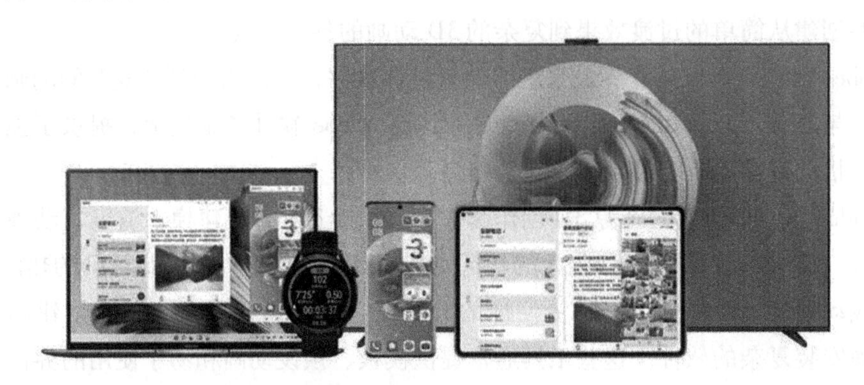

图 6-3　多样性数字设备

1. 不同设备对视觉设计的影响

(1) 屏幕尺寸和分辨率。设备屏幕尺寸和分辨率的巨大差异对视觉设计提出了挑战。设计师需要设计出能够适应从小屏幕手机到大屏幕电视的布局和元素尺寸。

(2) 用户交互方式。不同的设备支持不同的交互方式，如触摸屏、鼠标、键盘、语音和手势等。每种交互方式对界面元素的大小、位置和响应方式都有不同的要求。

(3) 设备性能。设备的性能差异，如处理器速度和图形处理能力，会影响设计的表现，特别是在动画和复杂视觉效果的实现上。

（4）操作系统和平台。不同的操作系统和平台有着不同的设计指南和用户界面元素，设计师需要在保持一致性的同时，适应各个平台的特定要求。

（5）环境光线。使用场景的多样性要求设计师特别考虑屏幕内容在各种光照条件下的可读性，确保用户无论在何种环境中都能清晰地查看和交互。

（6）电池续航时间。设备的电池续航时间限制了某些设计元素的使用，如耗电量大的动态效果和高亮度显示。

（7）用户期望和习惯。用户对不同设备的使用有着不同的期望和习惯，设计师需要了解这些差异，以满足用户的特定需求。

2. 跨设备设计与一致性

跨设备的数字产品设计需要通过一致性原则确保用户无论在何种设备或平台上接触产品，都能获得统一且连贯的体验。这种一致性不仅体现在视觉表现上，如体现在颜色、形状、字体和布局上，也体现在用户交互和操作逻辑上。设计一致性的重要性体现在以下几个方面：

（1）提高品牌识别度。一致的设计元素和风格加强了用户对品牌的记忆，使用户在不同的设备或平台上能够立即识别出品牌，从而提高品牌忠诚度。

（2）降低用户学习成本。当用户在切换不同的设备或平台时，设计一致性减少了他们需要重新学习的时间和努力，熟悉的界面和操作模式使得他们能够快速上手并有效使用产品。

（3）提升用户体验。一致性设计使用户在不同设备间的转换变得无缝，提供了更加流畅和愉悦的体验。用户能够预期操作的结果，减少了因界面变化带来的困惑和挫败感。

（4）增强信任感。一致性的设计传达了品牌的专业性和可靠性。用户倾向于信任那些在各个接触点上都能保持一致形象及体验的产品和服务。

（5）优化设计和开发流程。在设计和开发过程中，一致性原则的应用简化了工作流程，因为可以复用已有的设计元素和解决方案，减少了从零开始设计的次数，提高了工作效率。

（6）支持产品扩展性。随着产品功能的增加和迭代，设计一致性确保了新加入的功能和元素能够和现有的设计无缝集成，保持了产品的整体性和协调性。

3. 实现设计一致性的策略

实现设计一致性的策略需要综合考虑品牌、用户、技术和团队等多方面因素。以下是一些具体的实现策略。

（1）建立设计系统。设计系统是一套可复用的组件和指南，它有助于保持跨平台和设备的一致性。这包括定义颜色、字体、按钮、输入框等界面元素的样式，以及它们在不同情境下的表现。设计系统的建立有助于提高设计效率，确保品牌识别度，同时减轻用户的认知负担。

（2）制定明确的设计原则。确立一套设计原则，作为团队成员在设计决策中遵循的基础。这些原则应该反映品牌价值和用户需求，同时指导设计实践，确保在不同产品和功能中保持一致的用户体验。

（3）跨团队协作。在多团队协作的项目中，建立一个中心化的协调机制，确保不同团队在设计上的决策和执行能够保持一致。这可能需要通过定期召开会议、共享设计资源库和统一的设计评审流程来实现。

（4）用户研究和反馈。通过用户研究深入了解用户需求和偏好，收集用户对现有设计一致性的反馈。

（5）技术实现的一致性。在技术层面，确保前端开发框架和库的使用一致。使用统一的代码组件和模式库，可以减少实现阶段的不一致性。

（6）保证性能和可访问性。在追求设计一致性的同时，不应忽视性能优化和可访问性。确保设计在不同设备和条件下均能提供流畅、快速的体验，并且对所有用户来说都是易于访问的。

（7）持续的维护和更新。设计一致性是一个持续的过程，需要定期回顾并更新设计系统和原则。随着技术的发展和用户需求的变化，设计系统应保持灵活，适应新的挑战和机遇。

（8）培训和教育。对团队成员进行设计一致性的相关培训，确保每个成员都能理解并应用设计原则和系统。教授新成员关于现有设计规范的知识，促进团队内部的一致性。

（9）监控和评估。建立监控机制，定期评估产品的一致性表现。使用定量和定性的数据来评估设计的效果，并根据反馈进行调整。

6.5.2 设计系统与样式指南

在多设备环境中保持视觉设计的一致性是一项复杂的挑战，而设计系统和样式指南是应对这一挑战的有力工具。它们为设计和开发团队提供了一套共享的规则和资源，促进了协作并提高了工作效率。本书第四章已经详细介绍了目前全球主流的四种设计系统和样式指南。

Apple 的 Human Interface Guidelines（HIG）。Apple 公司提供的这套设计指南，为开发者和设计师提供了一套清晰的设计原则和界面元素，以确保在 iOS、macOS、watchOS 和 tvOS 等 Apple 操作系统上的应用程序能够提供一致的用户体验。详见 https://developer.apple.com/design/human-interface-guidelines。

Google 的 Material Design。这是 Google 推出的一套设计语言，它强调使用网格基线、排版、颜色、图标等视觉元素来创建直观、美观且一致的界面。Material Design 旨在跨平台提供一致的用户体验，无论是在 Android、iOS 上还是在网页应用上。详见 https://www.material.io。

HarmonyOS 的设计指南。华为推出的 HarmonyOS 操作系统拥有自己的设计规范，它强调全场景设备的无缝体验和智能交互。HarmonyOS 的设计指南包括完整的设计规范，以及创新特性的适配规范，让开发者能够快速构建出适应 HarmonyOS 全场景设备的创新体验。这些指南确保应用在不同设备和屏幕尺寸上的应用程序都能保持良好的用户体验和一致性。详见 https://developer.huawei.com/consumer/cn/design/。

1. 设计系统的组成

设计系统是一套完整的设计标准、文档和可重用组件的集合，它定义了产品设计的基础。样式指南则是设计系统的一个重要组成部分，专注于视觉设计元素的规范。下面我们深入了解一下设计系统的组成部分及其在保持跨设备一致性中的作用。

（1）设计原则。设计原则是整个设计系统的基础，它反映了品牌的核心价值观和设计哲学。这些原则指导着所有设计决策，确保无论在哪种设备上，产品都能传达一致的品牌形象和用户体验。例如，Google 的 Material Design 的核心设计原则包括：材料是隐喻；大胆、图形化、有意图；动效赋予意义。这些原则确保 Google 的产品在不同平台上都能保持一致的设计语言。

（2）设计令牌（Design Tokens）。设计令牌是设计系统中最小的构建块，它们定义了基本的设计属性，如颜色、字体、间距等。使用设计令牌，可以确保这些基本元素在不同平台和设备上保持一致。例如，一个颜色令牌可能定义为：

```
{
  "color": {
    "primary": "#0066CC",
    "secondary": "#FF9900"
  }
}
```

这样，无论是在 iOS、Android 上还是在 Web 平台上，主色和次要色都能保持一致。

（3）组件库。组件库是设计系统中最常用的部分，它包含了一系列可重用的用户界面元素，如按钮、输入框、导航栏等。这些组件在不同平台上可能有细微的差异，以适应各平台的特性，但总体的外观和功能应保持一致。

（4）布局系统。布局系统定义了如何在不同屏幕尺寸和方向上组织内容。它通常包括网格系统、间距规则和响应式设计指南。一个好的布局系统能确保内容在从手机到桌面电脑的各种设备上都能优雅地展示。

（5）图标和插图系统。一致的图标和插图风格对于保持品牌识别度至关重要。设计系统应该包括一套统一的图标库和插图指南，确保这些视觉元素在不同平台上保持一致的风格。

（6）动效指南。动效指南定义了产品中动画及过渡效果的风格和原则。它确保交互反馈在不同设备上的一致性，增加了用户体验的连贯性。

（7）可访问性指南。可访问性指南确保产品对所有用户都是可用的，包括那些使用辅助技术的用户。这包括颜色对比度要求、文本大小指南等。

（8）书写风格指南。虽然常被忽视，但一致的文本风格对于维持品牌形象和提供清晰的用户指引同样重要。书写风格指南定义了产品中使用的语言风格、术语和措辞。

（9）代码库和开发指南。为了确保从设计到开发的一致性，设计系统通常还包括代码组件库和开发指南。这些资源帮助开发人员准确地实现设计意图，减少设计和实现之间的差异。

2. 设计系统的价值

一个构建和维护良好的设计系统能带来以下好处：确保了品牌和用户体验在各个平台及设备上的一致性；通过可复用组件和明确的指南，加速了设计和开发过程；为跨职能团队提供了一个共同的语言和参考点；随着产品的成长，设计系统提供了一个可扩展的框架；通过标准化和最佳实践，提高了整体设计和开发质量。

3. 设计系统的构建

设计系统的构建是一个迭代和持续的过程，它需要跨学科团队的共同努力。这个过程从品牌的核心理念出发，逐步扩展到具体的设计实践。以下是构建设计系统的关键要素。

（1）品牌原则。这些原则定义了品牌的核心价值和设计哲学，为整个设计系统提供了指导方针。它们帮助团队成员理解品牌个性，并确保所有设计决策与品牌精神相一致。

（2）视觉元素。颜色、字体、图标和其他视觉资产构成了设计系统的基础。这些元素的一致性使用，为品牌的视觉识别提供了坚实的基础。

（3）用户界面组件库。组件库是设计系统中最为活跃的部分，它提供了一系列预制的界面元素，如按钮、输入框、导航等。这些组件可以在不同的页面和项目中重复使用，确保设计的一致性和效率。

（4）布局和网格系统。布局和网格系统确保页面结构的一致性和响应性。它们为设计师提供了一个框架，以保证内容的组织和呈现在不同屏幕尺寸上都能保持协调。

（5）交互模式。交互模式指导设计团队如何实现特定的用户交互。这些模式包括用户与界面元素进行交互的规则和最佳实践，有助于提升用户体验的连贯性和直观性。

（6）设计令牌。设计令牌是设计系统中的一个关键概念，它们为设计团队提供了实现设计的视觉和功能特性的代码片段。这些令牌可以是颜色代码、字体样式、间距等，确保设计在不同平台上的准确实现。

4. **样式指南**

样式指南在保持设计一致性中发挥着至关重要的作用。上面提到的几种样式指南都强调了设计一致性的重要性，无论是在视觉表现、交互逻辑上还是在用户体验上，样式指南都为开发者和设计师提供了宝贵的指导，以确保他们的产品能够在各自的生态系统中提供最佳的用户体验。

样式指南是设计系统的重要组成部分，为团队成员提供参考，确保设计的统一性和标准化。样式指南包括以下内容：

（1）色彩和字体指南。明确品牌的色彩调色板和字体选择，以及它们的使用方式。这有助于保持品牌的视觉一致性，并保证品牌在不同媒介和平台上的识别度。

（2）布局和对齐规则。提供创建一致页面结构的指导，确保内容的组织和呈现在不同设备上的适应性。

（3）图标和图像使用。确保图标和图像的使用符合品牌风格，并在不同情境下保持一致性。

（4）交互和动画使用。指导如何使用动画增强用户体验，同时保持一致性。动画不仅能够增强界面的活力，还能作为引导用户操作的重要工具。

（5）可访问性标准。确保设计对所有用户都是可访问的，无论他们的能力或技术条件如何。

在多设备环境中保持视觉设计的一致性是一个持续的过程。设计系统和样式指南提供了一个强大的框架来管理这种复杂性。通过建立和维护一个全面的设计系统，组织可以确保其产品在不同平台和设备上提供一致、高质量的用户体验，同时提高设计和开发的效率。例如，Airbnb 的设计语言系统（Design Language System，DLS）就是一个优秀的多平台设计系统案例。它不仅包括视觉设计元素，还整合了可访问性标准、国际化考虑和性能优化指南。Airbnb 的 DLS 确保了其在 Web、iOS 和 Android 平台上的一致体验，同时还适应了每个平台的独特性。

6.5.3　跨平台设计与适配

在当今的数字生态系统中，用户可以通过各种设备访问服务。这种设备多样性对设计师提出了新的挑战：如何确保用户在不同平台上获得一致而又适应性强的体验。下面将深入探讨跨平台设计的策略，并通过 Airbnb 的案例来具体分析其成功实践。

1. **跨平台设计的概念**

跨平台设计是一种设计方法，它允许产品在不同设备和屏幕尺寸上提供一致的用户体验。这种设计方法强调灵活性和可扩展性，使用流体布局、可伸缩的图形和灵活的导航元素来适应不同的屏幕尺寸和分辨率。图 6-4 展示了同一应用在不同终端上的显示效果。

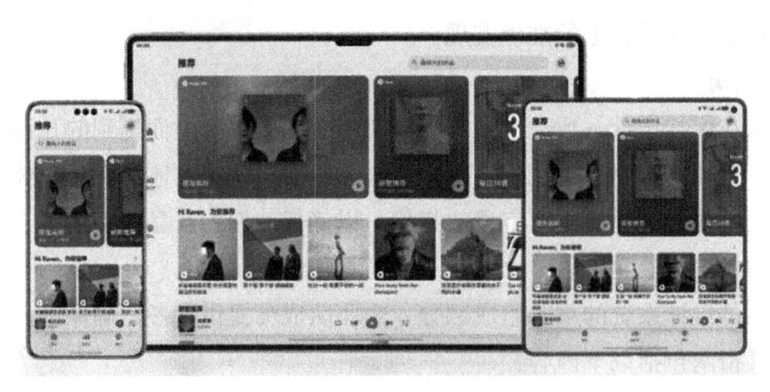

图6-4　跨设备应用

2. 跨平台设计的原则

跨平台设计的核心原则包括以下几个方面：确保品牌的视觉语言和用户界面元素在所有平台上保持一致；设计应易于使用，无论用户使用的是哪种设备；确保所有用户，包括残障人士，都能访问和使用设计；优化设计以提高加载速度和响应性，特别是在移动设备上。

3. 跨平台设计适配策略

为了实现跨平台设计，设计师需要采用以下适配策略：

（1）响应式设计。利用流体布局和媒体查询，确保界面元素可以根据屏幕尺寸动态调整。

（2）组件化设计。创建可复用的用户界面组件，这些组件能够在不同平台和设备上保持一致的表现和功能。

（3）优先级布局。根据屏幕大小调整信息展示的优先级，确保关键内容在小屏幕上得到展示，而在大屏幕上则展示更多细节。

（4）数据互通。实现不同设备间的数据同步，使用户在切换设备时能够无缝地继续操作。

4. 跨平台设计工具与技术

现代设计工具和框架，如 Adobe XD、Sketch、Figma 以及 Bootstrap 和 Foundation 等，提供了强大的功能来支持跨平台设计。这些工具允许设计师快速创建原型，并测试它们在不同设备上的表现。

跨平台设计不仅要保持视觉上的一致性，更重要的是确保用户体验的连续性。这意味着用户在从一个设备切换到另一个设备时，能够毫无障碍地继续他们的任务和活动。

案例分析

Airbnb的跨平台设计策略

Airbnb作为全球领先的在线旅游平台，其成功很大程度上归功于其出色的用户体验设计。让我们深入分析Airbnb如何在不同平台上保持一致的品牌体验，同时又能适应各平台的独特性。

1. 设计语言系统的建立

Airbnb的设计团队创建了一个全面的设计语言系统（DLS），这是其跨平台设计策略的核心。DLS不仅包括视觉设计元素，还整合了可访问性标准、国际化考虑和性能优化指南。

其关键组件为以下内容：

（1）视觉设计元素，如颜色、字体、图标等。

（2）交互模式，如导航结构、手势操作等。

（3）用户界面组件库，如按钮、表单、卡片等可复用元素。

（4）布局系统，适应不同屏幕尺寸的网格系统。

2. 平台特性的适配

虽然Airbnb追求跨平台的一致性，但他们也认识到每个平台的独特性，因此，其设计在保持核心一致的同时，也针对不同平台做了细致的调整。

（1）iOS平台：遵循iOS的设计指南，如使用iOS系统标准的导航栏和标签栏；采用iOS特有的交互方式，如3D Touch功能。

（2）Android平台：使用符合Material Design的视觉风格；实现Android特有的功能，如应用快捷方式（APP Shortcuts）。

（3）Web平台：响应式设计，确保在不同尺寸的屏幕上都能良好显示；利用Web平台的优势，如更好的动画效果。

3. 统一的用户旅程

尽管在不同平台上有细微差异，Airbnb仍确保其核心用户旅程的一致性。无论用户是在手机APP上还是在桌面网站上，搜索、预订、支付的流程都保持高度一致，减少了用户在跨平台使用时的学习成本。

4. 色彩系统的应用

Airbnb的品牌色——珊瑚红（#FF5A5F）在所有平台上都得到了一致的应用，成为品牌识别的关键元素。但在不同平台上，这个颜色的使用方式略有不同：在iOS上，它主要用于重要的行动按钮和强调文字；在Android上，它被用作应用栏的背景色，符合Material Design的风格；在Web上，它在大面积的背景和图形元素中得到了更多的应用。

5. 图标和插图系统

Airbnb 开发了一套统一的图标和插图系统，确保视觉语言在各个平台上保持一致。然而，他们也针对不同平台做了微调：iOS 和 Android 上的图标符合各自平台的视觉风格；Web 平台上的插图更加丰富和动态，利用了 Web 技术的优势。

6. 性能优化

Airbnb 意识到了不同设备的性能差异，因此在设计时特别注重性能优化：移动端 APP 使用了更多的本地缓存策略，减少数据加载时间；Web 端采用了渐进式加载技术，优先加载关键内容。

7. 可访问性考虑

Airbnb 在所有平台上都严格遵守可访问性标准，确保所有用户，包括使用辅助技术的用户，都能顺畅地使用他们的产品：颜色对比度符合 WCAG 2.0 标准；提供替代文本和标签，支持屏幕阅读器；确保所有交互都可以通过键盘完成（Web 平台）。

8. 持续的用户研究和迭代

Airbnb 的成功不仅依赖于初始设计，更重要的是他们持续进行用户研究和产品迭代。他们通过 A/B 测试、用户访谈和数据分析不断优化各平台的用户体验。

Airbnb 的跨平台设计策略给我们以下启示：建立统一的设计语言系统是跨平台一致性的基础；在保持一致性的同时，要尊重并利用各平台的独特优势；用户旅程的一致性比视觉上的绝对一致更为重要；性能优化和可访问性应该是设计过程中不可或缺的考虑因素；持续的用户研究和迭代是保持产品竞争力的关键。

通过跨平台设计的策略和 Airbnb 的案例，我们可以看到，成功的跨平台设计不仅是视觉上的统一，更是一种全面的、以用户为中心的设计策略。它需要平衡品牌一致性、平台特性和用户需求，同时还要考虑技术实现和业务目标。在未来的设计实践中，这种全面而又灵活的跨平台设计思路将变得越来越重要。

本章小结

在本章中，我们深入探讨了视觉设计在多设备环境中的一致性对于交互设计的重要性及其应用。我们学习了视觉设计的基础理论，包括视觉感知的原理和视觉设计的心理学基础，以及这些原理如何指导我们创造直观、高效且富有吸引力的用户界面。以下是本章的核心知识点概述。

1. 视觉设计基础理论。理解了视觉感知背后的心理学原理，包括光感受器的作用、大脑如何处理视觉信息，以及格式塔原理如何影响视觉设计。

2. 色彩与布局的交互应用。学习了色彩理论的基础知识，包括色彩的属性和心理影响，以及如何应用布局设计原则来创建清晰、有组织的用户界面。

3. 图标与符号设计。探讨了图标设计的原则，包括识别性与直观性、一致性与系统性，以及图标的符号学特性在跨文化交流中的应用。

4. 动效设计。理解了动效设计的概念、作用和实践方法，以及如何通过动效提升用户的交互体验。

5. 视觉设计在多设备环境中的一致性。讨论了设备多样性带来的设计挑战，以及设计系统与样式指南如何帮助我们实现跨平台的一致性。

6. 跨平台设计与适配。介绍了跨平台设计的概念、原则和适配策略，以及现代设计工具如何支持跨平台设计。

思考与应用

1. 如何确保在实际的设计项目中，视觉设计能够在不同设备和平台上提供一致的用户体验？

2. 在设计团队中如何确保设计的一致性，以加强品牌识别度？

3. 面对不同设备和用户交互方式的多样性，如何通过响应式设计满足用户的期望和习惯？

4. 在设计中如何平衡动效的实用性和美学？

5. 在跨平台设计过程中，如何选择和使用现代设计工具及框架来提高设计效率和质量？

6. 如何制定和维护一套设计原则，以指导团队在不同产品和功能中保持一致的用户体验？

第 7 章 交互设计工具与技术

学习目标

- 掌握交互设计软件工具的选择标准，了解不同工具的特点和应用场景。
- 学习动画设计在高级原型中的应用，以及编程语言和前端框架在交互设计中的作用。
- 认识硬件工具与设备在交互设计中的重要性，学会如何进行硬件原型制作。
- 探索人工智能、虚拟现实、增强现实、混合现实和物联网在交互设计中的应用。
- 分析和评估智能设备集成到交互设计中的机遇与挑战，提出创新的设计解决方案。

随着技术的飞速发展，交互设计领域正经历着前所未有的变革。新兴技术如人工智能、虚拟现实、增强现实、物联网等，正在重塑设计实践，为设计师提供了更广阔的创新空间和更多可能性。本章将深入探讨这些技术如何影响现代设计实践，以及设计师如何利用这些工具和方法创造出更具创新性和响应性的用户体验。从软件工具的选择与应用，到硬件原型的制作，再到对新兴技术的综合讨论，本章旨在为读者提供关于交互设计工具与技术的全面概览，并强调设计师在面对技术变革时所需的适应性和创新思维。

7.1 软件工具

7.1.1 软件工具概览与选择标准

在交互设计领域，软件工具是设计师表达创意、构建原型和测试用户体验的重要手段。选择合适的工具不仅能提高工作效率，还能确保设计质量和团队协作的流畅性。以下是对交互设计软件工具的概览以及选择标准。

1. 软件工具概览

以下这些软件工具能帮助设计师创建高保真度的界面原型，并添加交互效果。

（1）原型设计工具。例如，Sketch 以其简洁的界面和强大的插件生态系统而受到青睐，Adobe XD 提供从设计到原型的无缝工作流程，Figma 则以其在线协作功能而闻名。

（2）用户流程图工具。用于绘制用户流程图、信息架构图和系统架构图，帮助设计师理解用户与产品交互的逻辑。Visio 和 Lucidchart 是这类工具的代表。

（3）用户体验地图工具。专门设计用于创建用户体验旅程图，帮助团队可视化和讨论用户在各个接触点的体验。

（4）设计协作平台。这些平台允许团队成员共享设计、收集反馈和进行实时协作。InVision 和 Marvel 提供了丰富的协作和原型测试功能。

（5）代码和开发工具。对于需要将设计转化为实际代码的交互设计师，Visual Studio Code 和 Sublime Text 等代码编辑器是必不可少的。

2. 新兴的无代码/低代码设计工具

随着技术的进步，一类新兴的设计工具——无代码/低代码设计工具正在改变交互设计的格局。这些工具允许设计师在不深入学习编程的情况下，快速创建功能性原型甚至是完整的应用程序。

（1）代表性的无代码/低代码工具有以下几种：

① Bubble。Bubble 是一个强大的无代码平台，允许用户通过可视化界面创建复杂的 Web 应用。它的特点包括拖放式界面设计、内置数据库和工作流程编辑器、可扩展性强等，并支持 API 集成和插件。

② Webflow。Webflow 将设计和开发无缝结合，使设计师能够创建响应式网站。其优势包括直观的可视化设计界面，自动生成干净、语义化的 HTML、CSS 和 JavaScript，内置内容管理系统（Content Management System，CMS）和电子商务功能等。

③ Adalo。Adalo 专注于移动应用开发，让设计师能够快速创建原生应用。其特点包括丰富的预设组件库、支持自定义交互和动画、可直接发布到 App Store 和 Google Play 等。

（2）无代码/低代码工具在交互设计中有以下应用优势：

① 快速原型制作。设计师可以在几小时内创建功能性原型，大大缩短了从概念到测试的时间。例如，使用 Bubble，设计师可以快速构建一个具有用户认证、数据库交互和复杂工作流的 Web 应用原型。

② 多端适配。这些工具通常内置响应式设计功能，使设计师能够轻松创建适配多种设备的界面。例如，Webflow 的响应式断点系统允许设计师精确控制不同屏幕尺寸下

的布局。

③ 与传统设计工具的集成。许多无代码工具支持导入从 Sketch、Figma 等工具导出的设计。这使得设计师可以在熟悉的环境中进行初步设计，然后在无代码平台上快速实现功能性原型。

④ 促进设计师与开发者的协作。这些工具创建的原型可以直接转化为生产代码，缩小了设计和开发之间的距离。设计师可以更好地理解技术限制，而开发者可以更直观地理解设计意图。

⑤ 迭代和测试。无代码工具允许设计师快速修改和部署更新，可以帮助进行实时用户测试和快速迭代。例如，使用 Adalo，设计师可以在几分钟内更新应用界面并推送给测试用户。

（3）无代码/低代码工具有以下局限性：

①虽然这些工具提供了很大的灵活性，但在实现非常特殊的功能时可能会受到限制。

② 对于大规模、高性能要求的应用，可能还是需要传统的开发方法。

③ 尽管比编程简单，但掌握这些工具仍需要一定的学习时间。

总的来说，无代码/低代码工具为交互设计师提供了一种新的方式来实现他们的创意，使得从概念到功能原型的过程变得更加快速和直观。随着这些工具的不断发展，它们很可能成为交互设计工作流程中不可或缺的一部分。

3. 选择标准

通过前述介绍，我们发现相关的交互设计工具品类繁多，并且在不断增加。那么，我们应该如何选择适合自己的工具呢？可以从以下几个方面考量。

（1）功能性。工具是否提供所需的所有功能，如矢量绘图、原型交互、动画效果等。

（2）易用性。工具的学习曲线是否平缓，用户界面是否直观，是否容易上手。

（3）兼容性。工具是否支持跨平台使用，是否能与设计师现有的工作流程和其他工具无缝集成。

（4）成本效益。考虑工具的购买成本或订阅费用，以及它带来的长期价值。

（5）团队协作。工具是否支持团队成员之间的实时协作和设计共享。

（6）用户社区和支持。工具是否有活跃的用户社区，以及是否提供有效的技术支持。

（7）更新和维护。工具的开发者是否定期更新软件，修复 bug，并引入新功能。

（8）数据安全。工具是否提供足够的数据保护措施，以确保设计文件的安全。

在选择交互设计软件工具时，设计师应该根据自己的具体需求、团队的工作方式以及项目的特点来做出决策。同时，考虑到技术的发展和市场的变化，设计师也应该保持对新工具的敏感性，以便及时更新自己的工具箱，以适应不断变化的设计环境。

4. 动画设计在高级原型制作中的应用

在交互设计中，高级原型不仅是静态的界面展示，还能够模拟用户与产品交互的动态过程。在高级原型制作中，动画设计扮演着越来越重要的角色。合理运用动画不仅能够提升用户体验，还能更好地传达交互逻辑和品牌个性。以下我们将探讨如何在原型中创建有效的动画效果。

（1）专业动效工具的使用。

① Principle。Principle 是一款专门用于交互设计和动画制作的工具，它的特点包括：具有直观的时间线界面和强大的驱动器功能，可创建复杂的动画关系，支持导入 Sketch 文件，实现无缝工作流。

② Flinto。Flinto 专注于创建适用于移动应用的精细交互和转场动画。它的优势包括基于行为的动画系统、支持创建可复用的交互组件、提供真机预览功能等。

③ 主流原型工具中的动画功能：Figma 的 Auto-Animate。Figma 的 Auto-Animate 允许设计师快速创建帧间动画，特别适合制作微交互和状态转换。使用时，保持帧间元素的一致性（名称、层级），利用智能缓动功能使动画更自然，结合组件使用，创建可复用的动画效果。

④ 在原型模式中测试交互效果：Adobe XD 的 Responsive Resize。Adobe XD 的 Responsive Resize 不仅可以用于创建响应式布局，还可以用来制作动画效果。使用时，设置元素的固定和流动属性，利用符号（组件）创建一致的动画效果，结合时间轴功能精确控制动画过程。

（2）在创建原型动画时，设计师应该遵循以下原则：

① 目的性。每个动画都应该有明确的目的，如引导注意力或提供反馈。

② 自然性。动画应该模仿现实世界的物理特性，使用户感觉直观。

③ 一致性。在整个界面中保持动画风格的一致，以增强用户的熟悉感。

④ 性能考虑。优化动画性能，特别是在移动设备上，避免过于复杂的动画影响流畅度。

（3）动画在用户体验中的作用：合理使用动画可以提供视觉反馈，增强交互的可预测性；创建流畅的转场，减少用户的认知负担；引导用户注意力，突出重要信息或操作；表达品牌个性，增强用户与产品的情感连接。

（4）动画设计的未来趋势。随着设备性能的提升，更多复杂的 3D 动画将被应用到界面设计中，同时动画效果将更多地基于实时数据，通过数据驱动的动画，提供动态的视觉反馈。AI 辅助动画的发展如火如荼，人工智能技术将帮助设计师更快速地创建复杂的动画效果。

在高级原型制作中，动画设计已经成为不可或缺的一部分。通过掌握专业动效工具和主流设计软件中的动画功能，设计师可以创造出更加生动、交互性更强的原型，从而更好地验证设计概念，提升最终产品的用户体验。

7.1.2 编程语言与交互设计

编程语言是设计师与开发人员之间沟通的桥梁。设计师通过学习编程语言，可以更好地理解开发过程，与开发团队进行有效协作。编程语言使得设计师能够将原型转化为实际的、可交互的产品。从原型测试到最终产品的开发，编程语言是实现设计愿景的必要工具。

1．HTML 和 CSS

HTML（超文本标记语言）是构建网页内容的标准标记语言。它定义了网页的结构和内容，如段落、标题、列表、链接、图片等。

CSS（层叠样式表）用于设置 HTML 元素的样式，包括布局、颜色、字体和间距等。CSS 允许设计师创建视觉上吸引人且响应式的网页设计。

在交互设计中，HTML 和 CSS 是构建用户界面的基础。设计师需要了解如何使用这些技术来实现设计的视觉效果和布局。

2．JavaScript

JavaScript 是一种高级的、解释型的编程语言，主要用于网页交互的实现。它能够响应用户的操作，如点击、滚动和按键等，从而提供动态的用户体验。

JavaScript 可以操作 HTML 和 CSS，实现动态内容更新、动画效果和 AJAX（异步 JavaScript 和 XML）请求，无须重新加载页面即可与服务器交换数据。

对于交互设计师而言，JavaScript 是实现复杂交互效果和前端逻辑的关键。

3．jQuery

jQuery 是一个流行的 JavaScript 库，它简化了 HTML 文档遍历、事件处理、动画和 Ajax 交互。jQuery 的易用性使得设计师能够快速实现交互效果而无须编写大量的 JavaScript 代码。它的选择器功能强大，可以快速定位页面元素，并应用事件和动画效果。

随着技术的发展，出现了许多前端框架和库，如 React、Angular 和 Vue. js，它们提供了更高级的组件化和状态管理功能，使得构建复杂的单页应用（SPA）变得更加容易。这些框架和库通常包含丰富的组件和工具，可以帮助设计师和开发者快速构建交互性强、可维护性高的 Web 应用。

现代的设计工具，如 Adobe XD 和 Sketch，提供了与编程语言结合的功能，允许设计师直接在设计工具中生成 HTML 或 CSS 代码，或者导出交互原型到 Web 平台。

7.1.3 新兴前端框架与交互设计

随着 Web 技术的快速发展，新兴的前端框架和库正在改变交互设计的实现方式。这些工具不仅简化了复杂交互的开发过程，还为设计师提供了更多可能性来创造流畅、响应迅速的用户界面。以下我们将探讨三个主流前端框架及其在交互设计中的应用。

1．React

React 是由 Facebook 开发的 JavaScript 库，用于构建用户界面。

（1）React 的主要特点。

① 组件化开发，将用户界面拆分为独立、可重用的部件。

② 虚拟 DOM，提高渲染性能。

③ 单向数据流，简化状态管理，提高可预测性。

（2）React 在交互设计中的应用。

① 组件库设计。设计师可以创建一个统一的组件库，确保整个应用的一致性。例如，设计一套按钮组件，包含不同状态（默认、悬浮、点击、禁用）和大小变体。

② 状态驱动的交互。利用 React 的状态管理，设计师可以轻松创建复杂的交互逻辑。例如，设计一个多步骤表单，根据用户输入动态显示或隐藏某些字段。

③ 动画与过渡。结合 React Transition Group 或 Framer Motion 等库，可以实现流畅的页面转场和元素动画。

2．Vue. js

Vue. js 是一个渐进式 JavaScript 框架，以其简单易学和灵活性而闻名。

（1）Vue. js 的主要特点包括响应式数据绑定、组件系统、虚拟 DOM、轻量级等，易于集成。

（2）Vue. js 在交互设计中的应用。

① 快速原型开发。Vue. js 的简单语法和丰富的生态系统使得设计师可以快速将设计概念转化为交互原型。

② 复杂表单交互。利用 Vue. js 的双向数据绑定，可以轻松实现复杂的表单验证和动态字段。

③ 过渡与动画。Vue. js 内置的过渡系统使得添加入场/出场动画变得简单。

3．Angular

Angular 是由 Google 维护的全面的 Web 应用框架，提供了从开发到测试的完整解决方案。

（1）Angular 的主要特点有：基于 TypeScript，提供强类型支持，依赖注入系统，拥有强大的模板语法，内置路由系统和表单处理。

（2）Angular 在交互设计中的应用。

① 大规模应用设计。Angular 的模块化架构适合设计复杂的企业级应用，可以确保各个功能模块之间的一致性。

② 响应式表单。利用 Angular 的响应式表单，设计师可以创建动态、智能的表单交互。

③ 动画系统。Angular 的动画模块提供了丰富的 API，用于创建复杂的用户界面动画。

熟悉主流前端框架不仅可以帮助设计师创造更加动态和交互丰富的用户界面，还能促进与开发团队的有效协作。通过理解这些框架的特性和优势，设计师可以做出更加明智的设计决策，创造出既美观又在技术上可行的解决方案。

7.2 硬件工具与设备

7.2.1 硬件工具的分类与作用

硬件工具在交互设计中扮演着至关重要的角色，它们直接影响着用户与产品的物理和感官互动。表 7-1 是对不同类型硬件工具的分类及它们在交互设计中的作用。

表 7-1 硬件工具的分类与作用

类别	设备类型	作用与应用场景	交互设计中的应用示例
输入设备	键盘和鼠标	精确的文本输入和图形界面操作	设计桌面应用程序时，考虑键盘快捷键和鼠标操作的直观性
	触摸屏	直接触摸屏幕与设备交互	设计移动应用或信息亭时，考虑多点触控和手势操作
	手写笔	提供自然的绘图和书写体验	适用于数位绘图板或支持手写笔的设备上的笔记应用设计
	语音识别设备	通过语音命令与设备交互	设计智能助手或车载系统时，考虑语音控制的准确性和响应性
	手势识别器	通过手势控制设备	游戏机或虚拟现实系统中设计手势控制的交互方式

续表

类别	设备类型	作用与应用场景	交互设计中的应用示例
显示设备	监视器	提供高分辨率和色彩准确的图像显示	设计图形密集型应用时，考虑显示效果和色彩管理
	投影仪	将图像或视频投射到大屏幕上	演示或展览中设计大屏幕互动体验
	AR 眼镜	将虚拟信息叠加到现实世界中	设计增强现实应用，如导航或教育工具
	VR 头戴显示设备	提供 360 度的虚拟环境体验	设计沉浸式虚拟现实体验，如游戏或模拟训练
可穿戴设备	智能手表	显示通知、健康数据等信息，并允许简单交互	设计健康监测应用，考虑用户在手腕设备上的交互方式
	健康追踪器	监测生理指标，如心率、睡眠质量	设计健康管理应用，提供实时反馈和建议
	智能眼镜	集成显示和交互功能，显示信息、导航等辅助功能	设计辅助视觉应用，如为视障人士提供导航帮助
交互式硬件平台	Arduino	开源电子原型平台，快速开发交互式物理设备	设计交互式艺术装置或环境监测设备

表 7-2 总结了传感器和控制器的分类以及它们在交互设计中的重要作用。

表 7-2　传感器和控制器的分类与作用

类别	设备类型	作用与应用场景	交互设计中的应用示例
传感器	运动传感器	检测物体或用户的运动状态，如位置、速度、加速度	在游戏控制器中检测玩家的倾斜或旋转动作，提供直观的游戏体验
	接近传感器	检测用户是否接近设备，常用于自动唤醒或省电模式	在智能手机或智能手表中，当用户靠近设备时自动唤醒屏幕
	环境光传感器	检测周围环境的光照强度	根据环境光线调整屏幕亮度，提供舒适的视觉体验
	温度传感器	测量环境或物体的温度	设计智能温控系统，如自动调节室内温度
	湿度传感器	检测环境的湿度水平	设计智能加湿器或空调系统，自动调节室内湿度
	压力传感器	检测施加在设备上的压力大小	在触摸屏或智能床垫中检测用户触摸或躺卧的压力
	声音传感器	检测环境中的声音强度或频率	设计噪声监测应用，提醒用户噪声水平过高
	心率传感器	测量用户的心率	在智能手表或健康追踪器中监测用户的健康状态

续表

类别	设备类型	作用与应用场景	交互设计中的应用示例
控制器	遥控控制器	远程控制设备，如电视、音响等	设计通用遥控器应用，控制家中所有智能设备
	智能开关	控制设备的开关状态，如灯光、电器等	在智能家居系统中设计一键控制多个设备的智能开关
	触摸屏控制器	通过触摸屏幕进行控制	设计交互式信息亭或自助服务机的触摸界面
	手势控制器	通过识别用户的手势来控制设备	在虚拟现实或增强现实应用中，通过手势进行导航和选择
	面部识别器	通过识别用户的面部特征来控制设备	设计安全系统，如手机解锁或支付验证
	眼动追踪器	跟踪用户的视线移动，用于控制设备或进行交互	在辅助技术中，为行动不便的用户设计眼控计算机
	脑电波控制器	通过检测用户的脑电波活动来控制设备	在神经康复训练中，使用脑电波控制游戏或模拟设备

7.2.2 新兴硬件设备在交互设计中的应用

随着技术的快速发展，一系列新兴的硬件设备正在改变人们与数字世界互动的方式。这些设备为交互设计师带来了新的挑战和机遇。以下我们将探讨几种代表性的新兴硬件设备及其在交互设计中的应用。

1. 智能手表

智能手表作为可穿戴设备的代表，具有屏幕尺寸小，可触摸和语音输入，拥有健康监测功能、通知和快速操作等特点。

(1) 智能手表的交互设计原则。

智能手表的交互设计原则可以概括为以下几个方面：简化信息，由于屏幕尺寸有限，必须精简呈现的信息；使用大字体和简单图标，确保在小屏幕上的可读性；设计直观的滑动和点击手势；利用传感器数据提供相关信息。

(2) 设计案例：健康监测应用。

主屏幕显示关键健康指标（步数、心率、睡眠质量）；滑动切换不同的数据视图；长按进入详细分析页面；振动提供触觉反馈（图 7-1）。

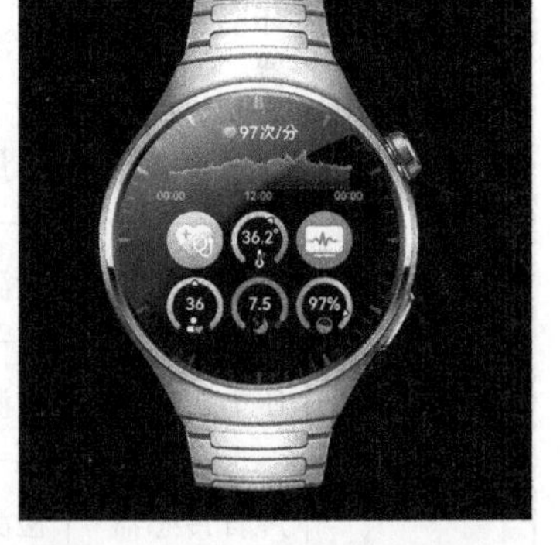

图 7-1　智能手表健康监测应用

2. 智能眼镜

智能眼镜是增强现实技术的一种应用，其特点包括半透明显示、环境感知、手势和语音控制、长时间佩戴的舒适性等（图7-2）。

（1）智能眼镜的交互设计原则。

智能眼镜的交互设计原则可以概括为以下几个方面：信息应该增强而不是干扰用户的视野；根据用户的位置和行为提供相关信息；设计易于记忆和执行的手势命令；合理控制信息密度和显示时间，避免视觉疲劳。

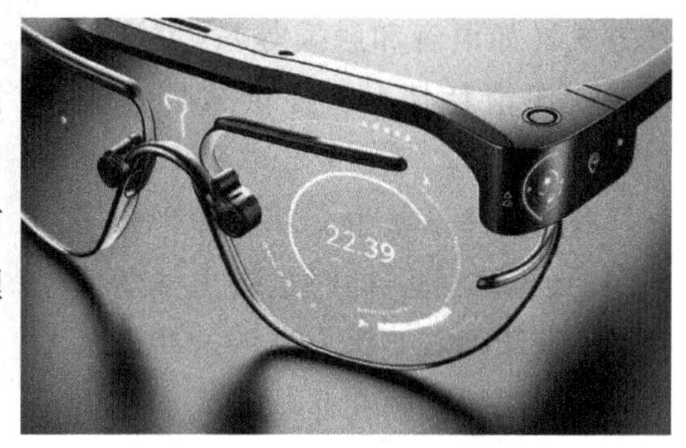

图7-2　智能眼镜增强现实技术

（2）设计案例：导航应用。

在用户视野中叠加方向指示和距离信息；通过眨眼或轻点眼镜边框切换信息层；通过语音命令搜索兴趣点；利用环境识别自动调整显示亮度。

3. 无人机

无人机作为一种新型的移动平台，在交互设计中具有独特的应用，它具有空中视角、远程控制能力、自主飞行能力、摄像和传感功能等。

（1）无人机的交互设计原则。

无人机的交互设计原则可概括为以下几个方面：设计清晰的紧急控制和返航功能；设计符合用户心智模型的操作界面；提供清晰的飞行状态和摄像预览；设计预设飞行路径和智能跟随模式。

图7-3　航拍控制应用

（2）设计案例：航拍控制应用。

分屏显示飞行控制和摄像预览；手势控制相机角度和变焦；一键预设飞行模式（环绕、跟随、定点盘旋）；实时地图显示飞行轨迹和禁飞区（图7-3）。

4. 智能家居设备

智能家居设备涵盖了各种家用电器和系统，如智能音箱、恒温器、安全摄像头等。其特点包括网络连接、语音控制、自动化功能、多设备协同等。

（1）智能家居设备的交互设计原则。

智能家居设备的交互设计原则可以归纳为：设计直观的初始配置流程；通过不同设备保持操作逻辑的一致性；设计基于日常生活场景的快捷操作；清晰呈现数据收集和使用情况，提供简单的隐私控制选项。

（2）设计案例：智能家居控制中心。

房间视图直观展示各个房间的设备状态；一键设置“回家”“睡眠”“派对”等

情景模式；允许用户选择最方便的操作方式（如语音和触摸等）；可视化展示能源消耗情况，提供节能建议（图7-4）。

图7-4　华为智能家居控制中心

新兴硬件设备为交互设计带来了广阔的创新空间，同时也提出了新的挑战。设计师需要深入理解这些设备的特性和局限，并在此基础上创造出直观、高效且具有吸引力的交互体验。随着技术的不断进步，我们期待出现更多创新性的交互设计方案，推动人机交互向更自然、更智能化的方向发展。

7.2.3　硬件原型制作

1. 硬件原型制作的步骤

硬件原型是将设计概念转化为实体形式的过程，它允许设计师和用户在现实世界中与产品进行交互，从而测试和评估设计的有效性。以下是使用硬件工具创建物理原型的步骤和方法。

(1) 验证概念。在创建物理原型之前，首先需要对设计概念进行验证，确保其基本功能和用户需求得到满足。

(2) 选择原型材料。根据原型的目的和预算，选择合适的材料，如塑料、木材、金属或3D打印材料。

(3) 设计原型草图。绘制原型的详细草图，包括尺寸、形状和功能部件的布局。

(4) 使用CAD软件。使用计算机辅助设计（CAD）软件设计原型的3D模型，确保所有部件的精确配合。

(5) 制作原型。根据3D模型，使用激光切割机、数控机床或3D打印机等工具制作原型的各个部件。

(6) 组装原型。将制作好的各个部件按照设计草图进行组装，确保所有部件正确安装并能够正常工作。

(7) 集成电子元件。如果原型需要电子功能，如显示屏、传感器或控制按钮等，则需要将这些电子元件集成到原型中。

(8) 测试原型功能。对原型进行功能测试，确保所有部件和电子元件按照预期工作。

(9) 进行用户测试。邀请目标用户对原型进行测试，收集他们的反馈和建议。

(10) 进行迭代改进。根据用户测试的反馈，对原型进行迭代改进，优化设计。

（11）测试耐用性。对原型进行耐用性测试，确保其在长期使用中保持稳定和可靠。

2．Arduino

在硬件原型的制作中，Arduino是一个不可忽视的工具，它是一个开源电子原型平台，广泛用于快速开发交互式物理设备和传感器网络。Arduino是一个基于微控制器的硬件和软件平台，它允许设计师和爱好者通过简单的编程来控制电子元件。Arduino板通常包括微控制器、输入/输出端口及其他电子元件，如LED灯、按钮、传感器等（图7-5）。

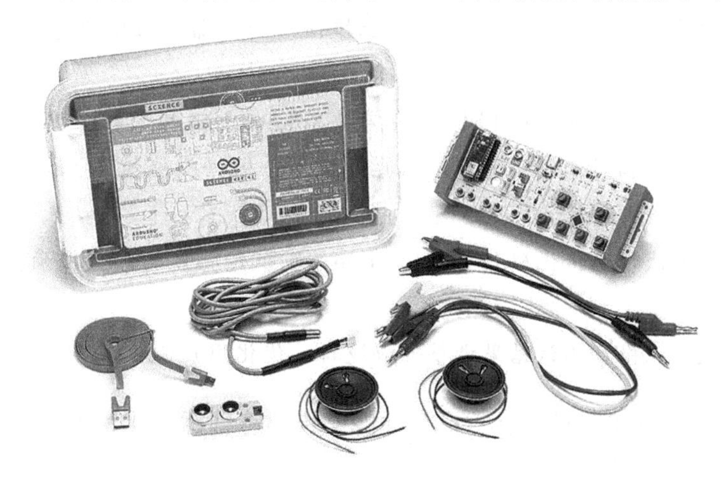

图7-5　Arduino板

（1）Arduino在原型制作中的应用主要体现在以下几个方面：

① 原型设计。在设计阶段，Arduino可以用来快速测试电子功能和交互逻辑。

② 传感器集成。Arduino可以连接多种类型的传感器，如温度、湿度、光线、运动传感器等，用于收集环境数据。

③ 执行器控制。通过Arduino控制LED灯、电机、继电器等执行器，实现物理反馈和自动化控制。

④ 通信接口。Arduino支持多种通信协议，如串行通信、I2C、SPI等，方便与其他设备或系统进行数据交换。

⑤ 可扩展性。Arduino板可以通过扩展板或屏蔽板增加更多功能，满足复杂的设计需求。

（2）应用Arduino的开发流程如下：

① 构思创意。确定项目的目标和功能。

② 选择硬件。根据项目需求选择合适的Arduino板和其他电子元件。

③ 连接电路。使用面包板或线路板连接Arduino板与传感器、执行器等元件。

④ 编程控制。使用Arduino IDE编写代码，控制硬件的行为和交互逻辑。

⑤ 测试与调试。上传代码到Arduino板，测试功能并进行调试。

⑥ 迭代优化。根据测试结果进行迭代优化，改进设计和功能。

案例分析

设计师正在开发一款智能植物监测系统，以下是他使用 Arduino 制作原型的步骤：

（1）构思创意。设计一个可以监测土壤湿度、温度和光照强度的系统，并通过 LED 灯显示植物的生长状态。

（2）选择硬件。选择 Arduino Uno 板、土壤湿度传感器、温度传感器、光敏电阻和 RGB LED 灯。

（3）连接电路。将传感器和 LED 灯连接到 Arduino Uno 板的相应端口。

（4）编程控制。编写代码，读取传感器数据，并根据阈值控制 LED 灯的颜色（如蓝色表示需要浇水，红色表示光照不足）。

（5）测试与调试。上传代码到 Arduino Uno，测试传感器的读数准确性和 LED 灯的显示效果。

（6）迭代优化。根据测试结果调整代码逻辑，优化用户体验。

通过类似 Arduino 的硬件平台，设计师能够快速将创意转化为可交互的物理原型，为交互设计提供更多可能性。

3. 其他开源硬件平台在原型制作中的应用

除了 Arduino，还有其他几个开源硬件平台在交互设计原型制作中发挥着重要作用。这些平台各有特色，为设计师提供了更多选择。

（1）Raspberry Pi。Raspberry Pi 是一款信用卡大小的单板计算机，它在交互原型制作中具有以下优势：功能强大，能够运行完整的操作系统，支持高级编程语言；具备 HDMI 输出功能，支持音频和视频处理；内置 Wi-Fi 和蓝牙，便于创建联网设备；GPIO 引脚允许它连接各种传感器和执行器。

（2）ESP32。ESP32 是一款低成本、低功耗的 Wi-Fi 和蓝牙双模芯片，在物联网设备原型制作中非常受欢迎，它在交互原型制作中具有以下优势：内置 Wi-Fi 和蓝牙，适合开发联网设备；支持深度睡眠模式，适合电池供电的设备；支持多种传感器和显示器；价格低廉，适合大规模部署。

这些开源硬件平台的共同优势是相比传统的工业级硬件，价格更加亲民；社区活跃，有大量的在线资源、教程和开源项目可供参考；灵活性高，适应不同需求，支持多种编程语言和开发环境；便于快速实现概念验证和原型迭代。

4. 3D 打印技术在硬件原型制作中的应用

3D 打印技术为硬件原型制作带来了革命性的变化，它允许设计师快速将数字模型转化为实体原型。例如，设计师可以使用 3D 打印技术制作一个可穿戴设备的原型，包括外壳、按钮和表带，快速验证其舒适度和可用性。在交互设计中，3D 打印技术的应用主要体现在以下几个方面：

（1）打印外壳设计。为电子元件设计和打印定制外壳，提升原型的美观度和用户体验。

（2）打印结构组件。打印复杂的机械结构，如铰链、齿轮等，实现特定的交互功能。

（3）快速迭代。允许设计师在短时间内测试多个版本的设计，加速产品开发过程。

（4）定制化接口。创建特定的物理接口，如按钮、旋钮或触摸表面，提升交互体验。

（5）模型缩放。轻松调整原型尺寸，适应不同的使用场景和用户需求。

设计师可以通过多种方式利用先进技术快速实现概念验证。通过将3D打印技术与开源硬件平台相结合，设计师可以迅速创建出功能性的原型外壳。这种集成方法不仅加速了原型的制作流程，而且提高了设计的灵活性。利用开源硬件的模块化特性，设计师能够快速地组合和重新配置不同的功能模块，从而实现多样化的设计需求。此外，3D打印的高效率使得设计师可以进行快速迭代，及时测试和改进设计方案，缩短产品从提出概念到推向市场的周期。

在设计过程中，通过对原型的用户测试，设计师可以收集宝贵的用户反馈，进而优化和调整设计。跨学科的合作也是至关重要的，设计师与软件开发者、工程师等专业人士的紧密合作，可以充分发挥开源硬件平台的潜力，创造出更具创新性和实用性的产品。通过这些方法，设计师不仅能够提高工作效率，还能够确保设计成果的质量和市场竞争力。

通过合理运用这些开源硬件平台和3D打印技术，设计师可以大大缩短原型开发周期，提高设计效率，同时降低成本。这不仅加速了概念验证的过程，也为创新型交互设计提供了更多可能性。

7.3 新兴技术的应用

7.3.1 人工智能与交互设计

在交互设计领域，人工智能技术的崛起正在重塑设计过程，它为交互设计引入了新的方法和可能性。AI不仅提高了设计师的能力，使他们能够创建更加智能化和个性化的用户体验，而且改变了用户与产品的互动方式。

1. 机器学习在交互设计中的应用

机器学习作为人工智能的一个重要分支，在交互设计中发挥着越来越重要的作用。它能够从大量数据中学习模式和规律，为设计师提供宝贵的洞察，并实现智能化的用户体验。以下是机器学习在交互设计中的几个主要应用领域。

（1）用户行为分析。机器学习算法可以分析用户的点击流、浏览时间、搜索历史等数据，从中识别出用户的行为模式和偏好。例如，电商平台使用机器学习分析用户的浏览和购买行为，自动调整产品展示顺序，提高用户找到所需商品的效率。这些洞察可以帮助设计师完成多项工作：根据用户最常用的功能，调整界面布局和导航结构；预测用户可能需要的下一步操作，提供更智能化的交互流程；发现用户在使用过程中的困难或疑惑，及时进行设计改进。

（2）个性化推荐。机器学习算法通过分析用户的历史行为和偏好，能够为每位用户提供定制化的内容和功能推荐，从而实现个性化体验。这种个性化服务不仅能够通过推荐用户可能感兴趣的内容，提高用户参与度，增加他们在平台上的停留时间，而且能够简化用户的决策过程。根据用户的偏好对信息进行过滤和排序，机器学习算法帮助用户应对信息过载的问题，使得用户能够更快地找到他们需要的信息。此外，个性化推荐还能显著提高用户满意度，因为它们提供了符合用户口味的推荐。例如，在音乐流媒体服务中，机器学习算法分析用户的听歌习惯，创建个性化的播放列表，为用户提供更贴合他们音乐品位的推荐，这不仅提升了用户对服务的忠诚度，也提高了用户的整体满意度。

（3）智能生成。机器学习，尤其是生成式 AI 模型，在辅助设计师的创作过程中扮演着越来越重要的角色。这些技术能够自动创建设计元素或内容，极大地提高了设计工作的效率和质量。例如，AI 可以根据设计规范和用户偏好自动生成用户界面的布局和样式，从而为设计师提供符合需求的初步设计方案。此外，生成式 AI 还能够在内容创作方面发挥作用，通过生成文案、图像或视频内容，有效减轻设计师的工作负担。智能填充功能则可以根据上下文自动填充表单或提供输入建议，使用户操作更加简便快捷。在实际应用案例中，设计工具利用 AI 技术自动生成图标、插图或用户界面组件，帮助设计师快速地创建出所需的视觉素材，这不仅缩短了设计周期，也使得设计师可以将更多精力投入到创意和策略的制定上。

2. AI 驱动用户体验的提升

设计师如何利用 AI 功能提升用户体验呢？我们可以从以下几个方面来理解：

（1）数据驱动设计。利用 AI 分析的用户数据，做出更有依据的设计决策。

（2）自适应界面。设计能够根据用户行为自动调整的界面，提供动态的用户体验。

（3）智能辅助。集成 AI 助手，为用户提供与上下文相关的帮助和建议。

（4）预测性设计。预测用户可能的下一步操作，提前准备相关内容或功能。

（5）个性化定制。允许 AI 根据每个用户的独特需求和偏好定制产品体验。

3. **平衡 AI 带来的便利性与隐私安全性**

尽管 AI 能够极大地提升用户体验，但也带来了隐私和安全方面的挑战。设计师需要在利用 AI 功能和保护用户隐私之间找到平衡。

（1）透明度。清晰地告知用户 AI 功能的使用情况，以及收集和使用数据的目的。

（2）用户控制。提供简单直观的选项，允许用户控制 AI 功能的开启和关闭，以及数据的使用范围。

（3）数据最小化。只收集和使用必要的数据，避免过度收集。

（4）安全存储。采用加密等技术手段，确保用户数据的安全存储和传输。

（5）偏见识别。注意 AI 模型可能存在的偏见，确保公平和包容的用户体验。

（6）边缘计算。在可能的情况下，使用边缘计算技术在设备本地处理数据，减少数据传输和集中存储的风险。

（7）伦理设计。在设计过程中考虑 AI 的伦理影响，确保 AI 的使用不会对用户造成潜在伤害。

例如，设计一个健康追踪应用时，可以允许用户选择是否使用 AI 分析功能，并提供选项让用户决定哪些数据可以用于分析，哪些数据只在本地存储。同时，清晰地展示 AI 如何改善用户体验，如提供更准确的健康建议。

人工智能技术正在不断推动交互设计向更智能、更动态的方向发展。设计师需要紧跟 AI 技术的最新发展趋势，探索如何将这些强大的工具融入自己的工作流程中，以创造出更加创新和用户友好的产品。

7.3.2　虚拟现实与增强现实技术

虚拟现实和增强现实技术正在革新我们与数字内容的互动方式，为交互设计带来了前所未有的机遇。这些技术通过提供沉浸式体验，极大地丰富了用户与产品的连接。

1. **VR 和 AR 技术在交互设计中的应用案例**

（1）教育与培训。VR 技术可以创建沉浸式学习环境，如医学生可以通过 VR 模拟手术过程，而无须真实患者。AR 技术则可以将教学内容叠加到学生的实际视野中，如历史场景重现。

（2）游戏与娱乐。VR 游戏提供了完全身临其境的体验，玩家可以探索和与虚拟世界互动。AR 游戏将虚拟元素叠加到现实世界中，鼓励玩家走出户外。

（3）零售与电子商务。使用 AR 技术，消费者可以在家中通过手机或平板电脑试穿服装或预览家具摆放效果。VR 技术可以让消费者在虚拟商店中浏览和购买产品。

（4）房地产。VR 技术允许潜在买家或租户在虚拟环境中参观房产，无论他们身处何地。AR 技术可以用于展示房产改造或装修的潜在效果。

（5）设计和制造。设计师可以使用 VR 技术在三维空间中创建和修改设计。AR 技术可以帮助工程师在实际操作环境中可视化和测试设计。

（6）旅游与探索。VR 技术可以重现历史遗迹或提供遥远目的地的虚拟旅行。AR 技术可以为游客提供实时信息和增强的观光体验。

2. 提供沉浸式用户体验的方式

（1）多感官刺激。VR 和 AR 技术通过视觉、听觉甚至触觉反馈，提供多感官的体验，使用户感觉自己真正处于虚拟或增强的环境中。

（2）交互性。VR 和 AR 技术允许用户通过手势、语音或专用控制器与虚拟对象进行交互，提高了体验的自然性和直观性。

（3）空间感知。VR 环境中的空间感知让用户能够在三维空间中自由移动和探索，而 AR 则将虚拟信息叠加到用户的真实视野中，增强了空间感知。

（4）个性化体验。VR 和 AR 技术可以根据用户的偏好、行为和生理反应定制体验，提供个性化的内容和互动。

（5）情感连接。沉浸式体验可以激发用户的情感反应，使用户与体验内容建立更深层次的联系。

（6）现实世界的扩展。AR 技术通过在用户的真实世界中添加虚拟元素，扩展了用户的现实体验，使日常生活更加丰富和便捷。

3. 混合现实技术及其对交互设计的影响

混合现实（Mixed Reality，MR）是一种新兴技术，它将 VR 和 AR 技术的特性结合在一起，创造出一个无缝融合现实和虚拟元素的环境。MR 技术不仅仅是将虚拟对象叠加到现实世界中，而是让虚拟对象能够与现实环境进行真实的交互，这为交互设计带来了革命性的变化（图 7-6）。

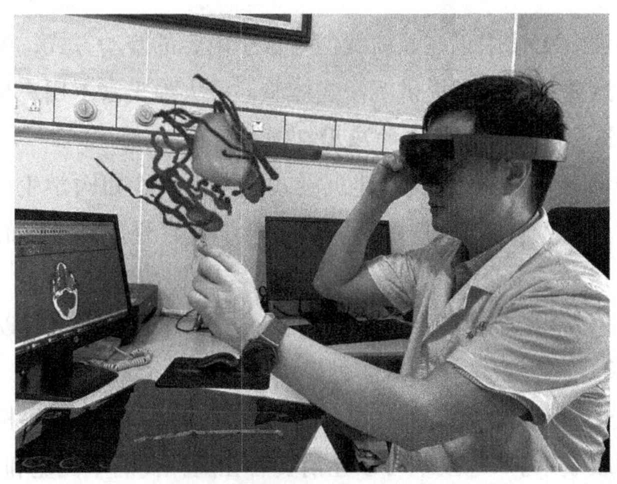

图 7-6 医生用 MR 技术诊断

（1）MR 技术对传统交互模式的颠覆。

① 空间计算。MR 技术允许用户在三维空间中直接与数字内容交互，突破了传统二维界面的限制。

② 上下文感知。MR 设备可以实时感知和分析周围环境，提供更加智能和个性化的交互体验。

③ 多模态交互。结合手势、语音、眼动等多种输入方式，使交互更加自然和直观。

④ 协作体验。多用户可以在同一个混合现实环境中进行实时协作，无论他们身在何处。

（2）MR 技术为设计师创造的新机遇。

① 空间界面设计。设计师可以学习如何在三维空间中布局信息和交互元素。

② 环境融合。设计师可以创造能够智能适应不同物理环境的界面和交互方式。

③ 沉浸式叙事。设计师可以利用 MR 技术打造更加身临其境的故事体验和品牌展示。

④ 新型应用场景。设计师可以在教育、医疗、工业等领域探索 MR 技术的创新应用。

（3）MR 技术给交互设计带来的新挑战。

① 空间感知。设计师需要考虑用户在物理空间中的移动和位置，确保虚拟元素与现实环境的正确对齐。

② 深度感和遮挡。设计师需要正确处理虚拟对象与现实物体的遮挡关系，提供准确的深度感。

③ 视觉舒适度。长时间使用 MR 设备可能导致视觉疲劳，设计师需要考虑如何优化视觉体验。

④ 交互反馈。在没有物理接触的情况下，设计师需要考虑如何为用户提供清晰的交互反馈。

⑤ 安全考虑。设计师要确保用户在使用 MR 设备时不会因过于沉浸而忽视现实环境中的潜在危险。

（4）MR 交互设计的原则。

① 以用户为中心。深入理解用户在 MR 环境中的需求和行为模式。

② 简洁与直观。避免复杂的交互方式，尽量利用自然的手势和语音命令。

③ 空间布局合理。合理利用三维空间，避免信息过载。

④ 渐进式体验。为新用户提供引导和教程，帮助他们逐步适应 MR 交互。

⑤ 多感官设计。结合视觉、听觉、触觉反馈，提供更加丰富的交互体验。

⑥ 性能优化。考虑 MR 设备的处理能力和电池续航性能，优化交互设计以提高性能。

（5）MR 技术的未来展望。

随着硬件性能的提升和 5G 网络的普及，MR 技术有望在未来几年内得到更广泛的应用。设计师需要持续关注这一领域的发展，积极探索 MR 技术在各个行业中的创新应用。同时，也要注意平衡技术创新与用户实际需求，确保 MR 交互设计能够真正提升用户体验，而不是炫技。

通过深入了解和掌握 VR、AR 和 MR 技术，交互设计师可以打破现实与虚拟的界限，创造出更加直观、自然和沉浸式的用户体验。这不仅将改变我们与数字世界互动的方式，也将为各个行业带来新的机遇和挑战。

7.3.3 物联网与智能设备

物联网（Internet to Things，IoT）是一个由互联网连接的物理设备、车辆、家用电器以及其他物品组成的系统，这些设备内嵌有传感器、软件和网络连接组件，能够收集和交换数据。智能设备作为物联网的节点，正在不断扩展我们与技术互动的方式，为交互设计带来了新的维度。

1. 物联网设备与交互设计的融合方式

（1）用户界面与体验。设计物联网设备的界面不仅要考虑到屏幕交互，还要考虑声音、触摸、手势等多种交互方式。

（2）远程监控与管理。设计允许用户通过智能手机或其他设备远程监控和管理物联网设备的功能，如智能家居系统。

（3）自动化与智能化。设计物联网设备时，需要考虑如何利用自动化技术提高效率，如根据用户习惯自动调节家中的温度。

（4）个性化定制。设计能够根据用户的行为和偏好进行自我调整的智能设备，提供个性化的用户体验。

（5）跨平台交互。设计物联网设备时，需要考虑它们如何在不同的平台和操作系统上提供一致的用户体验。

（6）生态系统整合。设计时要考虑设备如何融入更广泛的生态系统，与其他设备和服务协同工作，为用户提供无缝的互联体验。

2. 设计智能设备时的挑战

设计智能设备时，一项主要的挑战是如何确保用户隐私和数据安全。随着越来越多的个人和敏感信息通过设备收集和传输，设计师必须采取强有力的加密措施和安全协议来保护用户数据不被未授权访问或滥用。例如，智能家居设备如智能摄像头或智能门锁，必须具备高级的安全特性来防止黑客攻击。

另一项挑战是如何确保设备的易用性和用户接受度。智能设备应当简单直观，避免复杂的设置流程或难以理解的用户界面，这样才能被用户广泛接受。例如，Nest 智能恒温器以其简洁的设计和易于使用的移动应用程序而受到用户的青睐，用户可以快速设置和调整他们家庭的温度，而无需复杂的操作。

此外，技术标准化也是一项挑战，因为市场上存在众多的技术标准和通信协议，设计师需要确保设备能够与其他生态系统中的产品兼容并协同工作。例如，Zigbee 和 Z-Wave 是两种常见的智能家居通信标准，设计师在设计智能设备时需要考虑这些标准以实现兼容性。

3. 新兴技术在物联网中的应用

随着技术的快速发展，边缘计算和5G等新兴技术正在为物联网带来革命性的变革，为交互设计创造了新的可能性和挑战。

（1）边缘计算将数据处理和分析从云端移至边缘设备，这对物联网设备的交互设计产生了深远影响，具体体现在以下几个方面：

① 实时响应。通过在设备本地进行数据处理，边缘计算大大减少了延迟，使得设备能够更快速地响应用户操作。例如，智能家居系统可以在本地处理语音命令，无须将数据发送到云端，从而提供近乎即时的反应。

② 离线功能。边缘计算使得设备在网络连接不稳定或断开时仍能保持基本功能。设计师需要考虑如何在离线状态下维持良好的用户体验。

③ 隐私保护。由于敏感数据可以在本地处理，无须上传到云端，边缘计算为设计师提供了更好的隐私保护方案。

④ 上下文感知。边缘设备可以更好地感知和理解本地环境，为设计个性化和情境相关的交互体验提供了基础。

（2）5G 网络的高速、低延迟和大连接特性为物联网设备带来了新的可能性，这对物联网设备的交互设计产生的影响体现在以下几个方面：

① 高带宽应用。5G 使得高清视频流及 AR 和 VR 等带宽密集型应用在物联网设备上成为可能。设计师可以考虑将这些富媒体元素融入交互设计。

② 海量设备连接。5G 支持每平方公里百万级设备连接，这为大规模物联网部署奠定了基础。设计师需要考虑如何在复杂的设备生态系统中创造简洁而直观的用户体验。

③ 低延迟交互。5G 的低延迟特性支持近乎实时的远程控制。这为远程医疗、自动驾驶等应用场景的交互设计带来了新的机遇和挑战。

④ 网络切片。5G 的网络切片技术允许为不同类型的设备和应用提供定制化的网络服务。设计师可以根据不同的网络特性优化交互体验。

（3）随着边缘计算和 AI 技术的发展，物联网设备的自主决策能力得到了显著提升，这对物联网设备的交互设计产生的影响体现在以下几个方面：

① 智能预测。设备可以学习用户行为模式，预测用户需求并主动提供服务。例如，智能恒温器可以根据用户习惯自动调节温度。

② 异常检测。设备可以自主识别异常状况并采取相应措施。设计师需要考虑如何以适当的方式向用户传达这些自主决策。

③ 设备协同。多个设备可以相互协作，共同完成复杂任务。设计师需要考虑如何为用户提供跨设备的一致性交互体验。

（4）随着物联网设备功能的增强和数据收集的增加，信息安全和隐私保护变得更加重要，这为交互设计带来了新的挑战。

① 数据透明。设计师需要清晰地向用户展示设备收集了哪些数据，如何使用这些数据，并提供简单的交互方式让用户控制数据共享。

② 安全交互。在设计交互界面时，设计师需要考虑如何防范潜在的安全威胁，如未经授权的访问或控制。

③ 隐私设置。提供直观的隐私设置选项，让用户能够轻松管理他们的隐私偏好。

④ 安全更新。考虑如何设计用户友好的固件更新流程，以确保设备及时获得安全补丁。

这些新兴技术为物联网设备带来了更强大的功能和更复杂的交互可能性，同时也带来了新的挑战。交互设计师需要深入理解这些技术，在提供创新性用户体验的同时，也要充分考虑设备性能、网络条件、安全性和隐私保护等因素，以创造出既智能又可靠的物联网交互体验。

4. 智能设备设计的机遇

与此同时，智能设备的设计也迎来了前所未有的机遇，创新性的服务模式便是其中之一，设计师可以开发基于使用情况的定制化服务。例如，健康追踪器不仅可以记录用户的活动数据，还可以提供个性化的健康建议和定制的健身计划。

环境适应性是智能设备的另一大优势。设备可以根据用户的环境和使用习惯进行自我调整。例如，Philips Hue 智能灯泡能够根据用户到家的时间自动开启，并调节到用户偏好的亮度和颜色（图 7-7）。

图 7-7 Philips Hue 智能灯泡

预测性维护为用户带来了便利。智能设备可以预测自己的维护需求并提前通知用户。例如，智能洗衣机可以在检测到潜在问题时提醒用户进行维护，以减少意外故障的风险。

智能设备还可以促进社区互动和协作。例如，社区共享的智能充电桩可以根据电动汽车的使用情况自动调整充电价格，鼓励居民在需求低的时段充电。

最后，智能设备有助于推动可持续发展。例如，智能灌溉系统可以根据天气和土壤湿度自动调整浇水计划，有效节约水资源。

案例分析

华为智能家居系统提供了一个全面而深入的案例，展示了如何将多种设备集成到一个统一的生态系统中，并提供集中控制和自动化的用户体验。华为智能家居系统是一个开放的平台，旨在连接和管理各种智能设备，包括照明、安全、环境监测和娱乐等多个领域的智能设备。该系统通过华为的 HiLink 协议实现设备间的互操作性，使用户能够通过一个中央应用程序控制所有兼容的智能家居产品。

1. 华为智能家居系统的类别

华为智能家居系统

华为智能家居系统的设备生态非常广泛，涵盖了日常生活中的多个方面：

(1) 照明系统，包括智能灯泡、灯带和开关，能够调节亮度和颜色，适应不同的氛围和活动。

(2) 安全与监控，包括智能门锁、门窗传感器、烟雾报警器和安全摄像头，提供全方位的家庭安全保障。

(3) 环境控制，包括智能恒温器、空气净化器和加湿器，自动调节室内环境，确保舒适度和健康。

(4) 能源管理，包括智能插座和智能电表，监控和控制家电的能耗，促进节能减排。

(5) 娱乐系统，包括智能电视、音响和媒体播放器，提供丰富的多媒体体验。

(6) 健康与健身，包括智能体重秤、健身追踪器和睡眠监测器，关注家庭成员的健康状况。

(7) 厨房设备，包括智能冰箱、烹饪设备和水质监测器，保障食品安全和营养健康。

(8) 个人护理，包括智能镜子、牙刷和皮肤分析器，提供个性化的美容和护理建议。

2. 华为智能家居系统的控制方式

这些设备通过华为的 HiLink 协议连接，形成一个互联互通的智能生态系统，用户可以通过一个统一的平台来管理和控制。华为智能家居系统提供了多种控制方式。

(1) 移动应用程序，用户可以通过华为智能家居应用程序直接控制和管理所有连接的设备。

(2) 语音控制，通过与智能音箱或其他集成小艺语言助手的设备配合使用，用户可以用语音命令控制智能家居系统。

(3) 自动化规则，用户可以设置自动化规则，如在特定时间自动关闭灯光或在检测到运动时打开安全摄像头。

3. 华为智能家居系统的硬件和软件集成

华为智能家居系统的硬件和软件集成体现在以下几个方面：

(1) 统一的通信标准。HiLink 协议确保了不同厂商生产的设备能够无缝连接和通信。

(2) 集中管理平台。华为智能家居应用程序提供了一个直观的界面，使用户能够监控和控制所有连接的设备。

(3) 模块化设计。软件平台采用模块化设计，可以轻松添加或更新设备功能和用户界面。

(4) 安全性。系统设计了多层安全措施，包括数据加密和安全认证，以保护用户数据和隐私。

(5) 可扩展性。随着新设备的加入，系统可以灵活扩展，适应不断增长的智能家居生态。

以华为智能家居系统为例，假设用户想要在回家时自动创建一个舒适的环境，用户可以设置一个自动化规则，当他们的智能手机（通过 GPS 定位）检测到他们即将到家时，系统会自动开启家中的空调、调节灯光亮度，并播放用户喜欢的音乐。同时，安全系统会识别用户的到来并关闭报警模式。

此外，如果室内环境传感器检测到空气质量下降，空气净化器可以自动启动。用户还可以通过语音命令查询天气或控制设备，如“小艺小艺，今天的天气如何？”或“小艺小艺，打开客厅的灯”。

通过华为智能家居系统，用户可以体验到物联网设备的真正潜力，享受便捷、个性化和智能化的生活方式。这一案例展示了物联网和智能设备如何集成到交互设计中，设计师应在设计过程中考虑硬件和软件集成的重要性，进而提供全面的用户体验。

思考题

1. 请基于以上案例，设计一个场景，用户在外出度假时，智能家居系统如何通过集成与自动化技术确保房屋安全并节能。考虑包括但不限于安全监控、能源管理、环境控制等设备，并描述用户如何通过移动应用程序或语音控制来设置和监控这些自动化设备。

2. 考虑到华为智能家居系统提供的个性化体验，思考并提出一种方法，通过收集和分析用户的行为数据，智能家居系统如何提供更加精准的个性化服务。例如，系统如何根据用户对照明、温度和娱乐系统的偏好自动调整家庭环境？同时，讨论在设计这种个性化服务时如何平衡用户隐私和数据安全。

3. 基于华为智能家居系统，探讨如何将一个新的智能设备（如智能园艺系统）集成到现有生态系统中。描述该设备的潜在功能，如何通过 HiLink 协议与其他设备通信，并实现自动化的植物照料流程。同时，讨论在设计过程中如何确保新设备与现有系统的用户界面和交互流程保持一致性，以及如何通过模块化设计来简化集成过程。

本章小结

在本章中，我们深入探讨了交互设计中工具与技术的多样性和重要性。从软件工具的选用到硬件原型的制作，再到新兴技术的应用，我们学习了如何将这些工具和技术融入设计流程中，以提升设计效率、质量和创新性。以下是本章的核心知识点概述：

1. 介绍了各种交互设计软件工具，包括原型设计工具、用户流程图工具、用户体验地图工具、设计协作平台和代码开发工具，并讨论了选择这些工具的标准。

2. 介绍如何创建交互原型。

3. 讨论了 HTML、CSS、JavaScript 等编程语言与前段框架在实现设计概念中的作用，以及如何通过编程技能与开发团队有效协作。

4. 介绍了硬件工具的分类与作用。

5. 介绍了硬件原型的制作流程。

6. 介绍了人工智能、虚拟现实、增强现实、混合现实以及物联网技术在交互设计中的应用，分析了它们如何提供沉浸式体验和改变用户互动方式。

思考与应用

1. 选择一种硬件工具（如智能手表或 AR 眼镜），探讨如何将其集成到一个交互设计项目中，并说明其对用户体验的潜在影响。

2. 考虑一项你感兴趣的新兴技术（如 AI 或 VR），讨论如何将其融合到交互设计中，并预测这可能带来的变革。

3. 基于华为智能家居系统的案例，设计一个新的智能家居设备及其交互界面。考虑如何将其无缝集成到现有生态系统中，并提供直观的用户体验。

4. 构思一个使用 AR 或 VR 技术的教育应用。详细描述其交互设计，包括导航、信息展示和用户输入方式。考虑这种沉浸式体验如何提高学习效果。

5. 讨论物联网、AI 和 MR 技术的融合可能带来哪些创新的交互设计机会。想象一个结合这些技术的未来应用场景，并描述其可能的交互模式。

第 8 章 交互设计评估

学习目标

- 理解不同的交互设计评估方法及其适用场景，包括启发式评估、可用性测试、A/B 测试等。
- 掌握用户测试的实施步骤，包括用户招募、样本选择、测试任务设计等。
- 学习数据收集的方法与工具，定性与定量数据的处理，以及数据分析的统计方法。
- 了解交互设计评估报告的结构与内容，评估结果的呈现方式，以及报告中问题陈述与建议的撰写技巧。

交互设计评估是确保产品满足用户需求、提供良好用户体验的关键环节。本章将介绍评估方法论和几种主要的评估方法，包括用户测试、启发式评估和数据分析。我们将探讨这些评估方法的原理、实施步骤和应用场景，帮助读者掌握系统化评估交互设计的技能。通过本章的学习，读者将能够选择合适的评估方法，设计和执行有效的评估流程，并根据评估结果优化设计方案。评估是一个持续的、迭代的过程。交互设计评估的整体流程如图 8-1 所示。

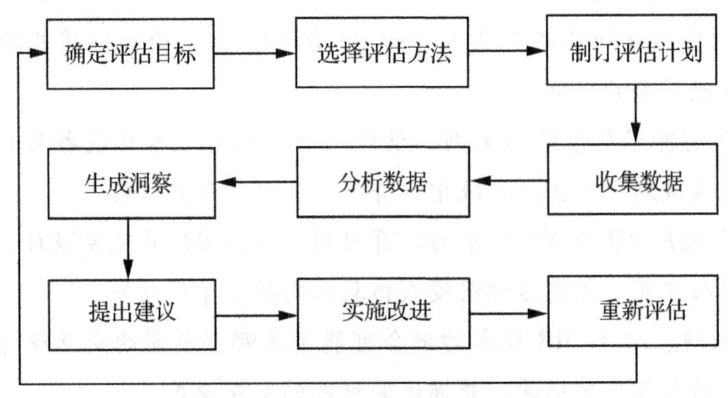

图 8-1　交互设计评估流程示意图

8.1 评估方法论

评估是交互设计过程中不可或缺的环节，它帮助设计师识别问题、优化设计并确保最终产品满足用户需求。本节将介绍评估的定义、评估的目的、评估方法的分类以及在评估过程中需要考虑的伦理问题。

8.1.1 评估的定义与目的

评估是一个系统化的过程，用于收集和分析数据，以判断设计方案的有效性和质量。在交互设计中，评估的核心在于检验产品是否满足用户需求，是否能提供良好的用户体验。具体来说，评估的主要目的包括以下内容：识别设计中的问题和缺陷；验证设计方案是否满足用户需求；比较不同设计方案的优劣；确保产品符合可用性标准和行业规范；收集用户反馈，为后续迭代提供依据。

通过系统化的评估，设计师可以及时发现并解决问题，不断优化设计方案，最终提供更好的用户体验。

8.1.2 评估方法的分类与选择

评估方法可以根据多个维度进行分类。表 8-1 介绍了三种主要的评估方法类型及其特点。

表 8-1 主要评估方法类型及其特点

评估方法类型	特点	适用场景	优势	局限性
专家评估法	由领域专家基于设计原则进行评估	设计早期阶段或资源有限时	快速、成本低	可能忽视真实用户体验
用户测试法	真实用户参与，直接观察用户行为	产品原型或成品阶段	获得真实用户反馈	耗时、成本较高
数据分析法	基于用户行为数据进行分析	产品发布后的持续优化	大规模数据支持	难以深入了解用户动机

选择合适的评估方法需要考虑以下因素：

（1）项目阶段。不同的设计阶段适合不同的评估方法。例如，在早期概念阶段，专家评估法可能更为合适；而在产品发布前，用户测试法则更为重要。

（2）资源限制。选择评估方法时要考虑时间、预算和可用人力等因素。专家评估法通常比用户测试法和数据分析法所需资源少。

（3）评估目标。选择评估方法时，要明确自己想要获得什么样的信息。如果需要量化数据，数据分析法可能更合适；如果需要深入了解用户体验，用户测试法则更为有效。

（4）产品特性。选择评估方法时，要考虑产品的复杂度、目标用户群等因素。复杂的专业软件可能需要结合专家评估法和用户测试法这两种方法。

（5）团队经验。评估团队的专业背景和经验也会影响方法的选择和实施效果。

为了帮助设计师在实际项目中选择合适的评估方法，图 8-2 提供了一个简化的交互设计评估方法选择决策树示意图，以供参考。

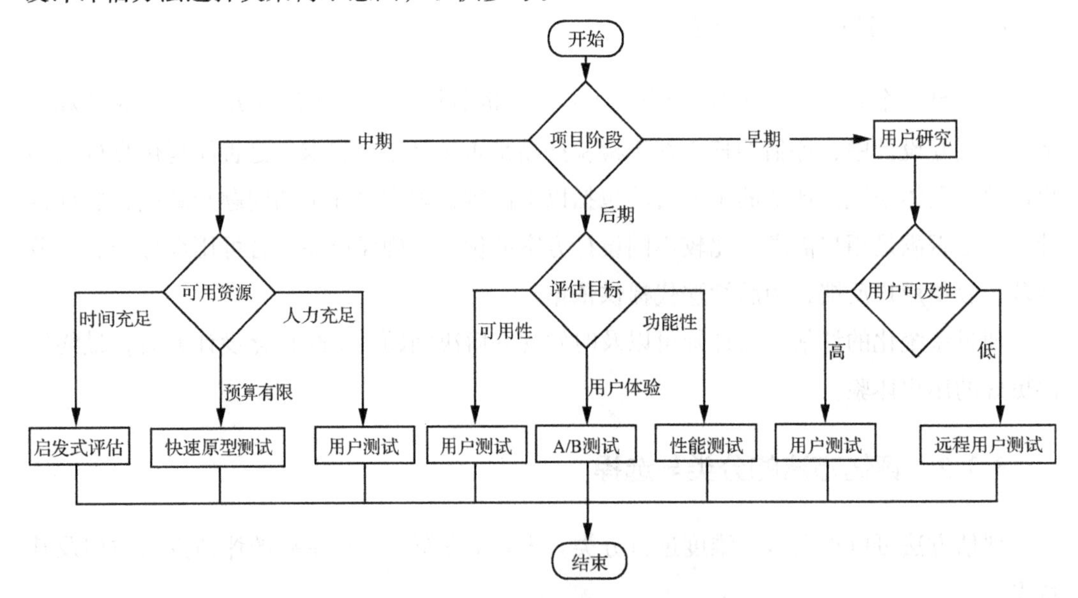

图 8-2　交互设计评估方法选择决策树

8.1.3　评估过程中的伦理考量

在进行交互设计评估时，遵守伦理准则不仅是法律和道德的要求，也是确保评估结果可靠性和有效性的重要保障。表 8-2 展示了评估过程中需要遵循的核心伦理原则。

表 8-2　评估伦理原则及其实施要点

伦理原则	实施要点
知情同意	清晰说明研究目的和过程 告知可能的风险和收益 确保参与者自愿参与并可随时退出
隐私保护	匿名化收集的数据 安全存储个人信息 仅收集必要的个人数据

续表

伦理原则	实施要点
数据安全	使用加密技术保护数据 限制数据访问权限 制订数据泄露应对计划
公平对待	确保样本的多样性和代表性 避免歧视性语言和行为 考虑不同群体的特殊需求
最小化风险	评估可能的身心风险 制定应对措施 及时处理负面事件

在实施评估时，研究者应该做到以下几个方面：制定详细的伦理规范和操作指南；在评估开始前获得伦理委员会的批准（特定场景）；对评估团队进行伦理培训；在整个评估过程中持续监督伦理规范的执行情况；在结果报告中说明所采取的伦理措施。

严格遵守这些伦理原则，我们不仅可以保护参与者的权益，也能够提高评估结果的可信度和有效性，从而为交互设计的改进提供更可靠的依据。

8.2　用户测试

用户测试是交互设计评估中最直接、最有效的方法之一。它通过观察真实用户与产品交互的过程，收集用户反馈，从而发现设计中的问题并提出改进建议。本节将详细介绍用户测试的实施步骤、用户招募与样本选择，以及如何设计测试任务与场景。

8.2.1　用户测试的实施步骤

用户测试是一个系统化的过程，需要严格按照既定步骤进行，以确保测试的有效性和结果的可靠性。以下是用户测试的主要实施步骤及其具体内容：

（1）确定测试目标。明确测试的具体目的，如评估产品的易用性、功能完整性或用户满意度等。

（2）制订测试计划。需要确定测试方法、设计测试任务、制定时间表和预算等。

（3）招募测试参与者。根据目标用户群特征选择合适的测试参与者。

（4）准备测试材料。如测试脚本、任务卡、问卷、同意书等。

（5）进行测试。按计划执行测试，观察并记录用户行为和反馈。

（6）收集和分析数据。整理测试数据，进行定性和定量分析。

(7) 生成测试报告。总结测试结果，提出改进建议。

(8) 应用测试结果。根据测试报告修改设计，并在必要时再次测试。

8.2.2 用户招募与样本选择

用户招募是用户测试中的关键环节，直接影响测试结果的代表性和有效性。表 8-3 和表 8-4 分别展示了用户招募渠道特点和样本的主要筛选标准。

表 8-3 用户招募渠道特点

招募渠道	优势	劣势	适用场景
社交媒体	覆盖面广，成本低	样本可能有偏差	面向大众的产品
专业平台	目标用户精准	成本较高	专业或垂直领域产品
现有用户数据库	用户真实性高	可能缺乏新用户视角	产品迭代或更新
第三方招募服务	专业、高效	成本高	大型或高要求项目

表 8-4 样本的主要筛选标准

筛选标准	说明	示例
人口统计特征	年龄、性别、教育程度等	25—35 岁的白领女性
技术熟练度	对相关技术或产品的熟悉程度	每周使用社交媒体超过 10 小时
行业背景	特定行业的工作经验或知识	有 3 年以上金融行业工作经验
使用动机	使用产品的目的或需求	需要进行跨境电商的小企业主
使用频率	使用相关产品的频率	每月至少进行一次在线购物

对于定性研究，通常选择 5—8 名参与者作为样本就可以发现大部分问题。对于定量研究，可以使用以下公式估算所需样本量：

$$N = (Z^2 \times P(1-P)) / E^2$$

其中：N 为所需样本量；Z 为置信水平；P 为预期比例（如果不确定，取 0.5）；E 为误差幅度（通常为 0.05）。

8.2.3 设计测试任务与场景

设计有效的测试任务与场景是确保用户测试成功的关键。好的测试任务应该能真实反映用户的实际使用情况，同时又能聚焦特定的设计问题。

1. 测试任务设计原则

(1) 真实性。测试任务应模拟用户的实际使用场景。

(2) 具体性。测试任务描述应清晰、具体，避免歧义。

(3) 可测量性。测试任务完成情况应可量化或观察。

(4) 难度适中。测试任务难度应与目标用户群的能力相匹配。

（5）覆盖全面。测试任务集应涵盖产品的主要功能和关键流程。

2. 测试场景设计要点

（1）背景描述。提供任务的上下文，帮助用户理解任务目的。

（2）角色设定。尽可能为用户分配特定角色，增加代入感。

（3）动机阐述。解释用户（在场景中）为什么要执行这个任务。

（4）限制条件。设置一些限制或挑战，使任务更接近真实情况。

（5）开放性。允许用户以多种方式完成任务，观察他们的选择。

案例分析

电子商务网站的用户测试任务与场景设计

设计师正在为一个新推出的、主要销售电子产品的电子商务网站设计用户测试任务与场景。

场景1：你想购买一台新的笔记本电脑，预算为1000—1500美元。你听说最新的超级笔记本电脑很轻便，觉得它很适合经常出差的你。

任务1：请在网站上找到三款符合你需求的笔记本电脑，并比较它们的规格和价格。

场景2：在浏览过程中，你发现了一些感兴趣的配件，如无线鼠标和笔记本支架。

任务2：将你最喜欢的笔记本电脑和至少两件配件添加到购物车，然后调整购物车中商品的数量，并移除一件商品。

场景3：你决定购买选中的商品，但你是一个新用户，还没有账户。

任务3：完成新用户注册，并进行结账流程，直到看到订单确认页面（无须实际付款）。

本案例展示了如何设计真实、具体且覆盖主要功能的测试任务。案例中的每个任务都有明确的场景和目标，允许观察用户在不同环节的行为和可能遇到的问题。

8.2.4　常见用户测试方法

下面简要介绍两种常见的用户测试方法：可用性测试和A/B测试。

1. 可用性测试

可用性测试是一种有效的用户测试方法，通过观察用户在实际使用环境中与产品交互的过程来识别问题并提出改进措施。其主要目的包括：改善产品的易用性；了解用户完成任务的效率；评估用户满意度；识别并解决设计问题。

通常，可用性测试包括以下步骤：制订测试计划；招募参与者；准备测试材料和环境；执行测试并收集数据；分析结果并提出改进建议。

2. A/B 测试

A/B 测试也称为分割测试或桶测试，是一种通过比较两个或多个版本以确定哪个版本的性能更优的实验方法。

A/B 测试的主要特点包括：随机分配用户群体；同时测试多个设计版本；基于关键指标衡量表现；使用统计分析确定最佳版本。

A/B 测试的典型应用场景包括：优化网站设计元素（如按钮颜色、页面布局）；改进产品功能；测试营销策略的有效性。

通过结合使用这些方法，设计师可以全面评估产品的用户体验，并做出数据驱动的设计决策。

8.3 启发式评估

启发式评估是一种基于专家经验和知识来识别用户界面设计中潜在问题的方法。它由雅各布·尼尔森在 1990 年提出，主要依靠评估者对一系列可用性原则的熟悉和应用，以此来快速发现和解决用户体验设计中的问题。启发式评估的专家通常是具有人机交互、心理学、计算机科学等背景的研究人员或设计师。根据尼尔森的研究，5—8 名评估者可以发现 80% 以上的可用性问题。评估者在进行启发式评估时，需要独立地对界面进行审查，并根据问题的严重性进行分类和记录。

8.3.1 启发式评估的原理与流程

1. 启发式评估的原理

启发式评估基于一系列可用性原则，这些原则是根据人机交互和用户体验设计的最佳实践总结而来的。评估的目的是确保设计符合这些原则，从而提高产品的可用性和用户满意度。评估专家利用自身的专业知识和经验，对设计进行详尽的检查，识别出不符合原则的地方。

2. 启发式评估的适用范围

启发式评估适用于产品设计和开发的各个阶段，无论是在原型设计阶段还是在产品上线前，都可以运用这种方法来检验和优化产品的用户体验。它特别适用于资源有限、时间紧迫或者需要快速验证设计方案的情况。

3. 启发式评估的流程

(1) 评估准备。首先，需要明确评估的目标和范围，选择合适的评估原则，如雅各布·尼尔森的十条可用性原则。

(2) 组建评估团队。选择具有不同背景和经验的评估专家，通常以3—5人为宜，以确保评估的全面性和多样性。

(3) 独立评估。每位评估专家独立地对界面进行审查，记录发现的问题，并根据问题的严重性进行分类和评级。

(4) 集体讨论。评估结束后，专家们聚集在一起讨论各自的发现，以识别共性问题和个别差异。

(5) 整合结果。将所有评估结果进行整合，形成一份全面的评估报告，包括问题列表、严重性评级和改进建议。

(6) 设计迭代。根据评估报告，制订具体的改进措施和计划，确定优先级和时间表。

(7) 跟踪与迭代。改进实施后，持续跟踪效果，并根据用户反馈进行迭代优化。

4. **建立合适的评估系统**

建立合适的评估系统可以帮助评定专家发现问题的严重程度。根据问题对操作系统造成的影响，可以将可用性问题分为以下四个等级。

(1) 轻微问题（1级），不易察觉，多为视觉表现问题，修改起来较为容易。若有充足的时间，建议修改，优化后可以提升用户体验。

(2) 一般问题（2级），可改可不改，偶然产生的可用性问题。它的存在会影响产品性能，但是不影响用户任务的完成，予以一般的优先级。

(3) 中等问题（3级），该问题会让用户学习以及操作产品的体验变得困难，且产品使用跳出率显著增加，应该予以足够高的优先级。

(4) 严重问题（4级），显而易见的问题。它的存在会极大地降低产品的可用性，应该予以最高的优先级，需要立即解决。

8.3.2 启发式评估的优缺点分析

1. **启发式评估的优点**

启发式评估使用内部资源进行评估，无须招募真实用户，可以在设计过程的任何阶段快速进行，成本较低。同时，它适用于产品设计和开发的各个阶段，无论是初步草图阶段还是高保真原型阶段。与其他方法相比，启发式评估能够全面扫描产品当前的整体设计，发现80%以上的可用性问题，并根据问题的严重程度解决它们。它还可以帮助识别特定用户流程中的问题，提升设计质量。

2. **启发式评估的缺点**

启发式评估虽然重要，但不是万能的。在启发式评估中，测试者不需要像可用性测试那样是真实的用户。在测试过程中之所以采取启发式评估，往往是因为时间与资源都很有限，所以需要找到相关专家，集中时间获得产品可用性问题上的反馈。而启发式评估由于缺少用户测试以及用户行为分析，结果往往没有理性的数据支撑。这是因为评估标准多依据专家自身经验建立，且他们的专业背景不同，对结果的影响较大，因此评估结果往往较为主观。

3. **应用启发式评估的注意事项**

（1）明确评估范围。明确评估的目标和指标，如易用性、效率、满意度等。

（2）选择合适的评估专家。选择具有不同背景和经验的专家，确保他们熟悉评估指标。

（3）确保评估原则与产品相关。选择与当前产品紧密相关的启发式原则进行评估。

（4）建立评估系统。根据问题对系统操作造成的影响，将问题分为不同的严重程度等级。

（5）不替代用户测试。启发式评估不能替代用户测试，应结合使用以获得更全面的反馈。

8.3.3 结合用户测试的启发式评估应用

启发式评估与用户测试是两种不同的用户体验评估方法，它们各具特点和应用场景。

启发式评估是一种专家评估方法，它依赖于专家根据一套预先定义的可用性原则来检查用户界面，发现潜在的可用性问题。这种方法的优点是快速、成本低廉、灵活，可以在设计过程的任何阶段进行，且不需要真实用户的参与。然而，它也有局限性，如评估结果可能受到专家主观性的影响，缺乏用户实际行为数据的支持。

用户测试则是一种直接涉及真实用户的评估方法，通过观察用户在实际使用产品过程中的表现来收集反馈，了解用户的需求和体验问题。用户测试的优点在于能够提供用户实际使用中的真实数据和反馈，有助于发现那些专家可能忽视的问题。不过，用户测试可能成本较高，而且需要更多的时间和资源来组织和实施。

用户测试是一个包含多种评估方法的广泛概念，旨在通过直接观察和收集用户对产品或服务的反馈来评估用户的整体体验。而可用性测试则是用户测试的一个子集，专注于通过系统化的方法评估产品的易用性和其他关键的用户体验指标。简而言之，所有可用性测试都可以被视为用户测试，但并非所有的用户测试都是可用性测试。

启发式评估和用户测试都是评估产品可用性的重要工具，但它们各自有不同的侧重点、适用阶段和成本（表8-5）。

表 8-5　启发式评估与用户测试的对比

测评方法	视角	适用阶段	验证方法	评测成本
启发式评估	专家视角	不限定与产品阶段	经验式评估	低
用户测试	用户视角	原型测试阶段	观察式评估	中

结合使用启发式评估和用户测试，可以充分利用两者的优势。启发式评估可以在用户测试之前快速识别潜在问题，减少用户测试的盲目性，提高用户测试的效率。用户测试则可以验证启发式评估中发现的问题，并提供更多深入的用户见解。例如，一项研究建立了以用户测试为基础的启发式评估方法，然后通过用户测试建立手机可用性模型和手机界面可用性框架，并提出了适合手机界面的启发式评估标准。

在实际应用中，应根据项目需求、资源和时间等因素灵活选择和结合使用这两种方法，以获得更全面的用户体验评估结果。以下是两种方法结合应用的关键点：

一是评估前准备。使用启发式评估识别潜在问题，优化用户测试设计。

二是多角度分析。启发式评估提供专家视角，用户测试提供真实用户反馈。

三是迭代优化。用启发式评估分析用户测试数据，持续改进设计。

四是问题优先级。结合两种方法的结果，确定问题的严重性和解决优先级。

五是持续评估。将启发式评估作为设计过程的常规部分，与定期用户测试相结合。

8.4　数据分析

8.4.1　数据收集的方法与工具

在数据收集过程中，重要的是要确保数据的代表性、可靠性和有效性。选择合适的方法与工具，以及在数据收集过程中的透明度与用户同意，对于确保评估结果的准确性至关重要。同时，随着技术的发展，新的数据收集方法与工具也在不断涌现，为交互设计评估提供了更多的选择和可能性。在交互设计评估中，数据收集是至关重要的一步。以下是几种特别适用于交互设计评估的数据收集方法：

（1）用户测试记录。通过观察和记录用户完成特定任务的过程，收集定性和定量数据。

（2）眼动追踪。记录用户在界面上的视线移动路径和停留时间。

（3）点击流分析。追踪用户在产品中的导航路径和交互行为。

（4）情感测量。通过面部表情分析或生理指标测量用户的情感反应。

表 8-6 归纳了这些方法的优缺点和适用场景。

表 8-6　数据收集的方法对比

方法	优点	缺点	适用场景	工具
用户测试记录	提供丰富的定性数据	时间消耗大	详细评估特定功能	Morae、UserTesting
眼动追踪	直观展示用户注意力分布	设备成本高	评估界面布局和视觉设计	Tobii
点击流分析	大规模数据收集	缺乏上下文信息	了解用户整体使用模式	Google Analytics、Hotjar
情感测量	捕捉用户情感反应	数据解释复杂	评估产品的情感影响	Affectiva、Empatica

8.4.2　定性数据与定量数据的处理

在交互设计评估中，我们常常需要处理多种类型的数据。这些数据主要可以分为定性数据与定量数据。通过结合这两种数据的处理，我们可以更全面地评估交互设计的有效性，并为优化提供依据。

1. 针对交互设计评估中特定数据的处理

以下是针对交互设计评估中四种类型的特定数据的常见处理方法。

(1) 任务完成时间分析，处理方法是：计算平均完成时间和标准差；识别异常值并分析原因；比较不同用户群体或设计方案的任务完成时间。

(2) 用户路径分析，处理方法是：绘制用户流程图；识别常见路径和偏离路径；计算页面转化率和跳出率。

(3) 错误率分析，处理方法是：分类并统计不同类型的错误；计算每项任务的错误率；分析错误发生的上下文。

(4) 满意度评分处理，方法是：计算平均满意度分数；分析满意度与其他指标（如任务完成时间）的相关性；对开放式反馈进行主题分析。

2. 定性数据处理

定性数据通常是非数值化的，如访谈记录、用户反馈、日志研究等。处理定性数据的目标是提取深层次的用户见解和行为模式。假设我们使用用户访谈来了解用户对某个新产品界面的使用体验。通过访谈，我们收集到了用户的口头反馈、表情、情感反应等非数值化数据。使用定性数据处理方法，如开放编码和主题分析等，我们可以从这些数据中识别出用户满意度、使用难点和改进建议等。常见的定性数据处理方法如下：

(1) 数据整理。将收集到的访谈记录、观察笔记等资料进行归档和整理，确保信息的完整性和可访问性。

(2) 开放编码。通过阅读资料，识别关键概念和主题，为数据片段分配代码。

(3) 主题分析。使用 NVivo 等工具，创建备忘录和编码策略，对数据进行深入分析，发展出研究主题。

（4）亲和图分析。将数据制成卡片，进行归类，找出数据之间的逻辑关系，形成模式或框架。

（5）案例研究。深入分析个别案例，理解特定情境下的行为过程。案例研究有助于捕捉社会经济现象的细节。

3．定量数据处理

定量数据是数值化的数据，如用户测试的通过率、任务完成时间等。处理定量数据的目标是发现数据的统计规律和趋势。如果使用A/B测试来比较两种网页设计的用户点击率，我们会得到点击率这样的数值化数据。通过定量数据处理方法，如描述性统计和推断性分析等，我们可以确定哪种设计更有效，并用统计测试来验证结果的显著性。常见的定量数据处理方法如下：

（1）数据清洗。检查数据的完整性，排除无效或错误的数据点，确保数据质量。

（2）描述性统计。使用Excel、百度统计等工具，进行数据的汇总、平均数、标准差等基本统计分析。

（3）推断性分析。应用统计测试，如t检验、方差分析等，来推断数据背后的总体特征。

（4）数据可视化。利用阿里DataV、FineBI等工具，将数据转化为图表，直观展示数据规律和趋势。

（5）结果解释。结合定性数据，对定量结果进行解释，提供全面的分析视角。

4．数据处理的工具与软件

（1）Excel是强大的数据分析工具，适合进行描述性统计和数据透视表分析。

（2）SPSS是广泛使用的统计分析软件，提供从基本统计分析到高级统计测试的全套解决方案，适合进行复杂的数据分析和模型构建。

（3）Amos是结构方程模型软件，用于分析变量之间的路径关系，适合进行验证性因子分析和构建复杂的因果模型。

（4）NVivo适用于定性数据的组织和分析，支持主题分析和备忘录创建。

（5）简道云是在线数据收集分析与可视化展示工具，适合业务数据的收集、处理、分析、展示及流程管理。

（6）云阿里DataV是数据可视化应用搭建工具，提供丰富的模板和图形，支持多数据源。

8.4.3　数据分析的统计方法

在交互设计评估中，我们通常会收集大量的用户行为数据和反馈数据，包括定量数据和定性数据。为了从这些数据中挖掘有价值的洞见和规律，我们需要运用恰当的统计分析方法。常用的统计分析方法及其在交互设计评估中的具体应用如下。

1. **描述性统计分析**

平均值、中位数、标准差等指标，可以描述用户行为数据的基本特征，如任务完成时间的分布情况。在实践中，我们也经常绘制直方图、箱线图等图表，这可以直观展示用户在关键指标上的表现情况，为后续分析奠定基础。

2. **假设检验**

利用 t 检验，可以检验两个不同设计方案或用户群体在关键指标上是否存在显著性差异。对于需要比较三个或更多组的情况，方差分析（ANOVA）则是更适合的工具，它可以同时检验多个组间的差异是否具有统计显著性。

卡方检验可用于分析用户在分类变量（如是否完成任务）上的分布差异，进而评估设计方案在用户体验关键点上的表现。

3. **相关性分析**

采用皮尔逊相关系数等方法，可以发现用户行为指标（如任务完成时间）与用户反馈指标（如主观满意度）之间的关联程度，为优化设计提供数据支持。识别关键行为指标与用户体验之间的相关性，有助于设计师更好地把握用户需求。

4. **回归分析**

利用线性回归模型，可以预测用户在某项指标上的表现，并识别影响该指标的关键因素，为设计决策提供依据。例如，通过建立用户年龄、设备类型等自变量与任务完成时间的回归模型，设计师可以预测不同用户群体的使用效率，并针对性地优化交互设计。

5. **聚类分析**

采用 k-means、层次聚类等方法，可以将用户划分为不同的群体，发现各群体在行为模式、偏好等方面的细分特征。基于用户群体特征的差异，设计师可以制订个性化的交互设计方案，提升整体用户体验。

6. **时间序列分析**

利用 ARIMA 模型等方法，可以分析用户行为随时间的变化趋势，如页面浏览量的走势，从而预测用户的未来行为，有助于设计师制定长期的产品规划和迭代策略。

表 8-6 对比了不同统计方法在交互设计评估中的具体应用场景。

表 8-6　数据分析统计方法及其应用场景

统计方法	描述	应用场景
t 检验	比较两组数据的均值差异	比较两种设计方案的任务完成时间
ANOVA	分析多组数据的方差	比较多个用户群体在满意度评分上的差异
卡方检验	分析分类变量之间的关系	研究用户背景与功能使用偏好的关系
相关性分析	分析两个变量之间的关系	研究任务完成时间与用户满意度的关系
回归分析	预测一个变量基于其他变量的值	基于用户特征预测产品使用频率

在实际的数据分析过程中，我们需要根据评估的目标和数据特点，选择合适的统计方法对数据进行深入挖掘。同时要注意分析结果，将数据洞见转化为指导设计优化的依据，推动交互设计的持续改进。

8.4.4　用户行为与用户反馈的量化分析

在交互设计评估中，我们通常会收集大量关于用户行为和用户反馈的定性数据，如观察记录和访谈记录。如何将这些定性数据转化为可量化的指标，是交互设计评估的关键一环。通过量化分析，我们可以更加客观地理解用户需求，识别设计优化的机会，并为设计决策提供有力支持。

1. 用户行为的量化指标

（1）任务完成率。计算用户成功完成给定任务的百分比，这反映设计的有效性，可用于比较不同设计方案，或追踪同一方案在迭代过程中的改进情况。

（2）任务完成时间。测量用户完成任务的平均耗时，这体现设计是否高效。可分析不同用户群体或设备类型下的差异，找出影响效率的关键因素。

（3）错误率。统计用户在完成任务时出现错误的频率，以揭示设计中存在的问题点。可结合错误类型的分析，有针对性地优化交互设计。

（4）导航路径。记录用户在完成任务时的点击轨迹和浏览路径，以分析设计的合理性。可以可视化展示不同用户群体的路径差异，改进信息架构和交互逻辑。

（5）停留时长。测量用户在界面元素或页面上的平均停留时长，以反映内容是否有吸引力。结合页面浏览量的分析，可优化信息呈现和交互设计。

（6）转化率。计算用户完成目标行为（如注册、购买）的百分比，以直接反映设计的成效。可用于评估关键转化路径的优化效果。

2. 用户反馈的量化指标

（1）用户满意度。通过5或7级李克特量表等方式，获取用户对整体体验的主观评价。可追踪不同设计方案或迭代版本的满意度变化趋势。

（2）系统可用性量表（SUS）。10个标准化的问卷题项，测量产品在可学习性、效率等维度的可用性。可用于对标不同产品或版本的可用性水平。

（3）用户体验问卷（UEQ）。涵盖吸引力、有效性、效率等6个维度的综合体验测评。可分析不同设计方案在各维度上的表现差异。

（4）净推荐值（NPS）。通过“推荐意愿”这一单项指标，测量用户对产品的忠诚度。可跟踪品牌形象和客户黏性的变化。

（5）情感词频分析。运用文本挖掘技术，分析用户反馈中蕴含的积极或负面的情感趋向。可洞察用户体验的痛点和亮点，指导设计优化方向。

3. **量化分析方法的应用**

将定性观察转化为可量化的指标，有助于更客观地比较不同设计方案的优劣，并且可以帮助我们追踪关键指标的变化趋势，分析设计迭代对用户体验的影响，为持续优化提供依据。同时运用相关性分析、回归分析等统计方法，我们可以深入挖掘指标之间的关联规律，找出影响用户体验的关键因素。我们还可以可视化呈现量化结果，直观展现设计效果，为决策者提供数据支持。

总之，通过对用户行为和反馈进行系统的量化分析，我们可以更好地理解用户需求，优化交互设计方案，提升整体用户体验。在实践中，需要根据评估目标和数据特点，选择恰当的量化指标，并将其融入整体的数据分析框架，发挥数据的最大价值。

8.4.5 数据可视化在评估中的应用

在评估过程中，当我们收集了大量关于用户行为和反馈的定量数据后，如何将这些数据有效地呈现和传达呢？数据可视化这种方法不仅能够直观地展示评估结果，还能帮助我们更好地理解和分析数据中蕴含的洞见。

1. **数据可视化的目的与作用**

（1）直观呈现。将复杂的数据转化为清晰易懂的图表和图形，便于交互设计师和利益相关方快速理解。

（2）分析支持。通过可视化手段，发现数据中的模式和趋势，为深入分析提供支持。

（3）沟通交流。利用可视化成果作为交流载体，有效地传达评估发现和设计建议。

（4）决策支持。直观的可视化结果，能够为设计决策提供有力依据，推动设计优化。

2. **常用的可视化图表**

（1）折线图。展示随时间变化的连续数据趋势，如页面浏览量的变化。

（2）柱状图或条形图。比较不同类别间的数值差异，如不同设计方案的任务完成率。

（3）饼图或环图。显示部分与整体的比例关系，如不同错误类型占比。

（4）散点图。分析两个变量之间的相关性，如任务完成时间与用户满意度。

（5）热力图。直观展示数据密集程度，如用户在页面上的点击热点。

（6）瀑布图。展示数据随时间的累积变化，如用户转化漏斗。

（7）仪表盘。集中展示关键性能指标，为决策者提供直观的核心数据。

3. **数据可视化的设计原则**

（1）准确性。确保图表准确反映原始数据，不存在误导性。

（2）简洁性。选择恰当的图表类型，删除不必要的修饰元素。

（3）直观性。布局清晰，使用合适的视觉编码，便于快速理解。

（4）交互性。结合筛选、缩放等交互功能，支持深入分析。

（5）美化性。注重视觉美感，增强报告的专业性和吸引力。

4．数据可视化在评估中的应用

（1）分析结果可视化。将用户行为指标、用户反馈等量化数据以图表形式呈现，直观展示设计效果。

（2）关键洞见可视化。通过可视化手段，突出分析过程中发现的关键规律和趋势，为设计优化提供依据。

（3）沟通交流可视化。利用可视化成果作为交流载体，有效地传达评估发现和设计建议。

（4）决策支持可视化。利用直观的数据可视化结果，为设计决策者提供有力支持，推动交互设计的迭代改进。

通过恰当选择图表类型、遵循可视化设计原则，我们可以将复杂的数据转化为清晰易懂的可视化成果，支撑评估分析、有效沟通及设计决策。在实际应用中，需要结合具体需求和数据特点，灵活运用不同的可视化手段。

8.5　评估报告编写

8.5.1　评估报告的结构与内容

1．评估报告的主要构成

评估报告主要由十二个部分构成，如表8-7所示。

表8-7　评估报告主要构成部分

序号	部分名称	包含内容与说明	重要性	注意事项
1	封面	报告标题、项目名称、作者或评估团队名称、提交日期	中	保持专业和简洁
2	摘要	评估目的、方法、主要发现和建议的简要总结（不超过1页）	高	确保涵盖关键信息，吸引读者兴趣
3	目录	主要章节和子章节列表以及对应页码	中	使用清晰的层级结构
4	引言	评估背景、目的、设计产品或系统简介、评估范围和限制	高	明确说明评估的动机和预期结果
5	方法论	评估方法和过程描述、用户招募标准、评估工具和技术详情	高	提供足够细节以确保可复制性

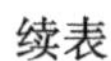
续表

序号	部分名称	包含内容与说明	重要性	注意事项
6	评估过程	评估活动的详细描述、用户测试步骤、数据收集方法	中	按时间顺序或逻辑顺序组织内容
7	结果	数据分析结果、用户行为和反馈量化、数据可视化图表	高	使用图表和图形来支持文字描述
8	讨论	对评估结果的解释、设计意义、意外发现	高	深入分析结果的含义和影响
9	结论和建议	主要结论、针对设计改进的建议、未来工作建议	高	提供具体、可操作的建议
10	附录	问卷、访谈指南、测试脚本等额外支持材料	低	仅包含必要的补充信息
11	参考文献	引用的文献和资料来源	中	确保引用格式一致且准确
12	致谢	对参与评估的用户、团队成员和其他贡献者的感谢	低	简洁而真诚

2. 评估报告应当具备的特点

(1) 清晰性。语言简洁明了，避免行业术语的滥用，确保非专业人士也能理解。

(2) 客观性。基于数据和观察结果，避免主观偏见。

(3) 完整性。包含所有相关信息，不遗漏关键细节。

(4) 逻辑性。内容组织合理，逻辑清晰，使读者易于阅读。

(5) 说服力。有效地传达评估结果，使读者信服并采取行动。

编写评估报告是一个迭代和细致的过程，需要多次校对和修改以确保质量。同时，报告应当根据其预期受众进行定制，以满足他们的需求和期望。

8.5.2 评估结果的呈现方式

评估结果的呈现是评估报告中至关重要的一环，它直接影响读者对评估发现的理解和印象。在交互设计评估中，需要根据场景选择合适的呈现方式（表 8-8）。

表 8-8 评估结果的呈现方式

类型	描述	适用场景示例	工具或格式	注意事项
文字描述	对评估过程和结果的综合说明	评估方法论、用户测试的总体反馈	段落文本	保持客观，避免过度描述
图表和图形	展示定量数据，如分布、趋势	用户满意度调查结果、任务完成时间分布	条形图、折线图等	选择适合数据类型的图表，注意颜色和标签
表格	并列展示和比较数据	用户反馈摘要、测试结果统计数据	Excel、Word 表格	保持简洁，避免过多数据，使表格难以阅读

续表

类型	描述	适用场景示例	工具或格式	注意事项
屏幕截图	展示用户界面设计的具体问题或亮点	界面设计评估、可用性问题示例	屏幕截图	确保截图清晰，标注关键点
流程图	展示用户行为路径或产品结构布局	用户任务流程、信息架构展示	用绘图软件绘制流程图	使用一致的符号和颜色编码
用户画像	描述目标用户的特征和使用场景	增强报告共鸣，展示用户特征	文字描述和图像	基于真实数据，避免刻板印象
故事板	展示用户与产品的交互过程	用户使用场景模拟、任务流程	手绘或软件绘制故事板	确保情节连贯，突出关键交互点
视频和动画	动态展示用户行为和交互过程	演示复杂的任务流程、用户测试实录	视频文件、动画	控制长度，提供文字说明

8.5.3 评估报告中的问题陈述与建议

在评估报告的“问题陈述与建议”部分，报告作者需要基于评估结果提出具体的问题点，并给出针对性的改进建议。这一部分是将评估成果转化为实际行动的关键环节。

1. 问题陈述与建议撰写原则

（1）基于数据。确保每个问题陈述都有数据支持，避免主观臆断。

（2）清晰具体。问题描述应具体明确，避免模糊不清的表述。

（3）优先级排序。根据问题的严重性和影响范围对问题进行排序。

（4）可行性分析。提出的建议应考虑实施的可行性和成本效益。

（5）用户中心。建议应以提升用户体验为中心，确保满足用户需求。

（6）行动导向。建议应具体到行动步骤，便于团队理解和执行。

2. 问题陈述与建议结构示例

（1）问题陈述。简明扼要地描述问题，指出问题所在和影响范围。

例如：在用户测试中，我们发现用户在完成注册流程时，有45%的用户在第三步放弃，主要原因是验证码输入困难。

（2）数据支持。列出相关数据或研究结果，支撑问题陈述。

例如：用户测试记录显示，平均输入验证码的尝试次数为3.2次，明显高于行业平均水平1.5次。

（3）影响分析。描述问题对用户体验和产品目标的潜在影响。

例如：这导致用户流失率增加，预计每月损失约200个潜在注册用户。

（4）改进建议。提出具体的改进措施或解决方案。

例如：建议优化验证码系统，采用更易于识别的字符或图案，或引入语音验证码功能。

（5）实施步骤。列出实施建议的具体步骤或计划。

例如：短期方案是在接下来的两周内更换现有的验证码系统；长期方案是开发基于机器学习的智能验证码识别系统。

（6）预期效果。描述建议实施后预期的效果。

例如：预计通过改进验证码系统，用户注册完成率将提高至少15%。

（7）资源与时间评估。评估实施建议所需的资源和时间。

例如：短期方案需要约1000元的系统更换成本，长期方案预计需要3个月的开发时间和5万元的研发费用。

（8）风险与挑战。讨论实施建议可能遇到的风险和挑战。

例如：用户适应新系统可能需要一定的时间，新系统初期可能会收到一些用户的负面反馈。

（9）结论。总结问题陈述与建议，强调改进的重要性。

例如：综上所述，验证码系统的优化对提升用户体验和注册转化率至关重要，建议立即采取行动。

撰写“问题陈述与建议”部分时，应保持客观、专业的态度，确保建议的实用性和针对性，以促进设计的有效改进和产品的持续优化。

案 例

移动应用注册流程优化

问题陈述：在用户测试中，我们发现45%的用户在注册流程的第三步（验证码输入）放弃。平均每个用户尝试输入验证码3.2次，明显高于行业平均水平1.5次。

影响分析：这导致每月损失约200个潜在注册用户，影响用户增长率和转化率。

改进建议：

短期，优化验证码字体和对比度，提高可读性。

中期，引入语音验证码选项。

长期，开发基于机器学习的智能验证系统。

实施步骤：用时间线图，显示建议实施的各个阶段的任务。

预期效果：预计通过这些改进，注册完成率将至少提高15%，平均验证码输入尝试次数降至1.8次。

8.5.4　评估报告的撰写技巧与注意事项

1．撰写技巧

在撰写评估报告时，首先要确立一个清晰的结构。报告应该有一个逻辑流程，让读者能够顺畅地跟随你的思路。引言部分概述评估的目的和范围，正文详细描述方法、结果和讨论，最后以结论和建议结束。

确保报告的语言简洁明了。避免使用过多的行业术语或复杂词汇，除非能确认目标受众能理解。简洁的语言有助于确保信息的准确传达，减少误解。

数据是评估报告的核心。使用图表、图像和表格等视觉辅助手段来展示数据，这可以帮助受众更直观地理解统计结果和趋势。

在提出问题和建议时，使用案例研究和用户故事来增强论点的可信度。通过具体的例子，受众可以更好地理解问题与提出的解决方案的相关性。

2．注意事项

版权和机密性是撰写评估报告时需要特别注意的问题。确保使用的所有图像、数据和引用材料都是合法获得的，并且遵守版权法规。同时，对于敏感信息，要确保遵守隐私保护和保密要求。

避免在报告中表现出个人偏见。评估应该是客观的，基于数据和事实。即使在讨论可能具有争议的话题时，也要保持中立，让数据说话。

考虑报告的可访问性。确保所有读者，包括有视觉障碍的人，都能理解和使用报告。这可能意味着使用高对比度的颜色、大号字体和清晰的图表。

报告应该具有可操作性。提出的建议应该是具体的、可执行的，并且考虑实施的资源和时间限制。在报告的最后，提供一个明确的行动号召，鼓励读者根据评估结果采取行动。

图 8-2 是一份评估报告撰写检查清单。

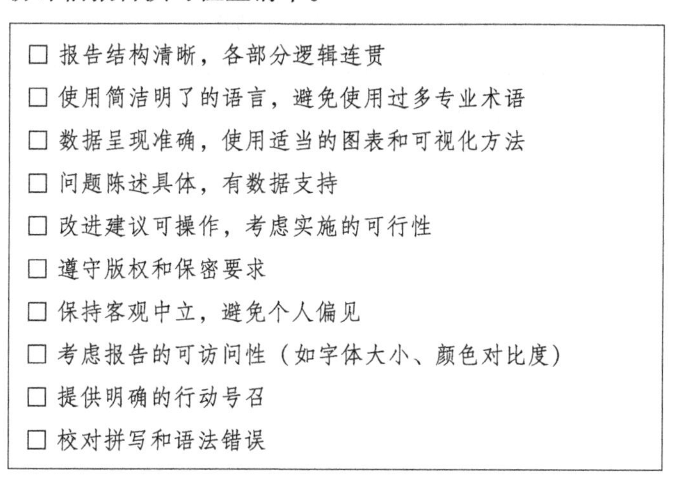

图 8-2　评估报告撰写检查清单

本章小结

本章全面介绍了交互设计评估的关键概念和方法，从评估的定义和目的出发，详细探讨了评估方法的分类与选择，包括用户测试、启发式评估和数据分析等。我们学习了如何实施用户测试，包括如何招募用户、设计测试任务和场景，以及如何收集和分析数据。启发式评估作为专家评估方法，通过一系列可用性原则快速识别设计问题。数据分析部分强调数据收集工具和方法的重要性，以及如何将定性和定量数据转化为有价值的设计洞察。评估报告的编写技巧指导我们如何清晰、客观地呈现评估结果，以及如何提出有针对性的改进建议，并推动设计优化。通过本章的学习，读者将能够系统化地评估交互设计，确保产品能够满足用户需求并提供优秀的用户体验。

思考与应用

1. 选择一个设计项目，讨论如何根据项目的具体需求和阶段选择合适的评估方法论，并制订相应的评估计划。

2. 分析用户测试案例，如移动应用的用户测试，讨论测试设计、执行过程、收集数据以及如何根据这些数据进行设计改进。

3. 模拟启发式评估过程，选择一个现有的数字产品或服务，应用启发式评估原则，识别潜在的可用性问题，并提出改进建议。

4. 利用实际的数据集，学习定性和定量数据的处理与分析方法，使用统计软件或工具进行数据可视化，并解释数据分析结果对设计的意义。

5. 基于设计评估项目，撰写一份评估报告，包括问题陈述、数据分析结果、改进建议，以及如何根据反馈进行设计迭代。

附录　综合实践案例

1. 美育研学旅游 APP

2. 面向自闭症儿童的音乐治疗 APP

3. 博物馆研学 APP

4. 昆曲文创桌面清洁器

5. 图书馆还书服务机器人